바이오센트리즘

BIOCENTRISM

왜 과학은 생명과 의식을 설명하지 못하는가?

바이오센트리즘

로버트 란자
밥 버먼
박세연 옮김

일러두기

이 책의 일부 내용은 〈뉴사이언티스트〉 〈아메리칸스칼러〉 〈휴머니스트〉 〈퍼스펙티브인바이올로지앤메디슨〉 〈양키〉 〈캐퍼스그릿〉 〈월드앤아이〉 〈퍼시픽디스커버리〉는 물론, 〈시머론리뷰〉 〈오하이오리뷰〉 〈앤티고니시리뷰〉 〈텍사스리뷰〉 〈하이플레인스리터러리리뷰〉 등 다양한 매체에 소개된 바 있습니다.

나는 내가 달을 보지 않을 때에도

달이 거기에 있다고 생각하고 싶다.

_아인슈타인

이 책에 쏟아진 찬사

며칠 동안 이 책을 읽고 또 읽으면서 곰곰이 생각해봤다. 이 책은 '간략한 시간의 역사'를 다루면서 생물학의 범위를 크게 확장하고 있다. 짧은 말로는 이 책의 학술적 성과를 충분히 설명할 수 없을 것이다. 인류 역사상 대부분의 사회는 인간의 존재와 주변 환경을 설명하기 위해 신, 또는 여러 신들을 들먹인다. 그리고 과학자는 그 절대적인 해답을 얻기 위해 무한한 우주나 원자의 내부 구조를 들여다본다. 반면 란자 박사가 주창하는 생물중심주의는 그 해답을 관찰 대상이 아니라 관찰자에게서 찾는다. 이러한 점에서 이 책은 모든 분야를 아우르는 통섭의 중심에 생물학을 놓아두는 과학적·철학적 고찰이다. 인간의 존재에 관한 오랜 의문을 바라보는 완전히 새로운 접근방식이라는 점에서, 이 책은 다양한 독자의 호기심을 자극할 것이다. 그리고 무엇보다 중요한 사실은 우리를 생각하게 자극할 것이라는 점이다.

– **에드워드 도널 토머스**(E. Donnall Thomas), 1990년 노벨 생리의학상 수상자, 워싱턴 의과대학 명예 교수이자 프레드 허치슨 암연구소 임상연구 과장

매우 흥미로운 책이다. 의식이 현실(실재)을 만들어낸다는 관념은 양자 이론을 근거로 한다. 이는 생물학과 신경과학이 우리 존재의 구조에 대해 말해주는 것과 관련이 있다. 이 책은 새로운 획기적인 전환을 보여준다. 우리는 실재라고 부르는 모든 가능한 결과물의 특별한 배열에 의미를 부여하는 개체다. 이 책은 매우 훌륭한 프로젝트다.

– **로널드 그린**(Ronald Green), 다트머스대학 교수이자 윤리학 연구소 소장

줄기세포 분야의 세계적 권위자인 로버트 란자 박사는 우리 시대의 가장 훌륭한 인물 중 한 사람이다. 그의 새로운 우주 이론은 우리가 지난 세기 동안 이뤄낸 모든 지식을 설명한다. 그 우주 이론은 우리의 존재와 우주를 둘러싼 진리를 이해할 수 없게 한 생물학적 한계를 긴 안목으로 두고 우리의 존재와 연관성이 있음을 보여준다. 이 새로운 이론은 앞으로 수세기 동안 자연의 법칙에 대한 개념에 대변혁을 일으킬 것이다.

– **앤서니 아탈라**(Anthony Atala), 웨이크 포레스트 재생의학연구소 소장

로버트 란자의 생물중심주의 개념은 아주 흥미롭고 읽을 가치가 있다. 이 책은 물리학의 주제에서 저자의 독특한 관점을 나타낸다. 그는 양자 이론, 특수 상대성, 소립자 물리학 등의 난해한 분야를 잘 파악하고 있다. 그의 설득력은 개인적인 경험이 사고와 아이디어와 잘 어우러져 나온 능력과 의지력에서 비롯된다. 또한 이중 슬릿 실험과 같은

여러 과학 이론에 관한 그의 설명 방식은 부드럽고 훈훈한 대화체로 이뤄져 있어서 독자를 끌어들이는 매력이 있다.

– 〈**미드웨스트북리뷰**(Midwest Book Review)〉

나는 천체물리학자로서 대단히 크고 멀리 떨어진 사물만 들여다본다. 그리고 의식에 관한 모든 문제는 거대한 우주의 중요한 사안이라 생각한다. 로버트 란자는 이 책을 통해 지극히 거시적인 세상에서도 그 현실을 경험하기 위해서 우리는 어쩔 수 없이 마음에 의존하게 된다는 깨우침을 던진다. '양자 불가사의'는 거시 세상에서도 나타나는 현상인 것이다. 시간과 공간은 우리의 지각에 달렸다. 그럼에도 우리는 당연한 듯 일상을 살아가고, 또한 물리적 우주를 객관적 실체인 양 연구한다(확률은 그 정도의 믿음을 우리에게 허용한다). 그러나 란자 박사는 생물학이라고 하는 근본적인 관점을 추가함으로써 진실에 한 걸음 더 다가서고 있다. 물론 내가 NASA와 그곳 과학자들의 생각을 대변할 수는 없겠지만, 적어도 개인적인 입장에서 생물중심주의의 우주관에 대해 란자 박사로부터 더 많은 이야기를 듣고 싶다.

– **데이비드 톰슨**(David Thompson), NASA 고다드 우주비행센터 천체물리학자

그렇다. 이제 공간과 시간에 대한 우리의 인식이 신경생리학적 매커니즘의 결과물인지 질문을 던져야 할 때가 왔다. 또한 최초의 생명이 지구에서 출현하고, 단세포를 시작으로 진핵생물로, 그리고 결국 우

리 인간에 이르기까지 진화하는 과정에서 환경 요인들이 정확하게 기능했다는 사실이 어떻게 가능했는지 질문을 던져야 할 때가 왔다. 나는 이 책이 좋은 독자를 만나리라 생각한다. 단지 독단적인 이론을 던지는 것이 아니라, 기존의 생각과 믿음에 도전함으로써 나를 생각하게 자극하는 책이 많이 출판되었으면 한다. 이 책은 분명히 그러한 사례에 해당한다.

– **스티븐 베리**(R. Stephen Berry), 시카고대학교 화학과 명예 교수, 미국과학아카데미 회원

진정으로 위대한 책이다. 란자 박사는 지각과 의식으로 어떻게 현실을 경험하게 되는지를 신선하면서도 학문적인 시선으로 바라보고 있다. 그리고 깊이 있는 이해와 폭넓은 통찰력으로 20세기 물리학과 현대 생물학을 조망한다. 그 과정에서 오래 묵은 인식론적 딜레마를 새롭게 평가해야 한다고 촉구한다. 비록 그의 주장에 모두가 동의하지는 않겠지만, 많은 독자들은 그의 생각이 흥미진진하며, 도전적이고 설득력 있다는 사실을 발견하게 될 것이다. 놀랍다.

– **마이클 리자트**(Michael Lysaght), 브라운대학교 의료공학과 교수, 생명공학연구소 소장

과학이란 사람들이 세상을 설명하기 위해 모든 논리적 가능성에 도전하도록 열정을 불어넣는 자유의 징표다. 로버트 란자는 생물학의 관점으로 세상을 바라보는 획기적인 접근방식을 들고 나왔다. 이 책에서 그는 과학자들이 과연 지금까지 세상을 탐구하기 위해 모든 가능한 방

법을 시도해보았는지 묻는다. 과학은 생물학을 통해 대통일 이론을 완성할 것인가? 완전히 새로운 이론인 생물중심주의는 '그렇다'고 말한다. 란자 박사는 인간의 고유한 특성을 넘어서서, 세상을 이해하기 위해 그 근간을 이루는 모든 생명체 사이의 상호연관성에 주목한다. 이처럼 독특한 접근방식을 제시하는 이 책은 틀림없이 우리 사회를 놀라게 할 뿐만 아니라, 그 새로운 가설을 검증해보도록 요구할 것이다.

– **군터 클레티트슈카**(Gunther Kletetschka), NASA 고다드 우주비행센터 지구물리학자

물리학에 대한 공격이 굉장히 매력적이다. 로버트 란자의 생물중심주는 확실히 논쟁의 여지가 있다.

– 〈**휴스턴크로니클**(Houston Chronicle)〉

어떤 이론이 물리적 세상을 제대로 설명하는가

우주를 전체로서 이해하려는 시도는 이제 막다른 골목으로 접어들었다. 양자물리학의 '의미'는 처음으로 모습을 드러낸 1930년대 이후로 끊임없이 논란의 중심에 서 있다. 그렇다고 해서 지금 우리가 그때보다 양자물리학의 의미를 더 많이 이해하는 것도 아니다. 조만간 완성될 것이라 기대를 모았던 '모든 것의 이론(Theory of Everything, TOE)'은 검증되지 않거나 검증이 불가능한 명제들로 이뤄진 끈 이론(string theory)의 추상적인 수학 속에 수십 년 동안 머물러 있다.

이보다 더 심각한 문제가 있다. 지금까지 우리는 우주가 무엇으로 이뤄져 있는지 안다고 믿었다. 그러나 최근 우주의 96퍼센트가 암흑물질(dark matter)과 암흑에너지(dark energy)로 이뤄져 있다는 사실이 밝혀졌다. 그리고 우리는 그게 무엇인지 알지 못한다. 비록 관찰 결과와 조화를 이루도록 임시적으로 뜯어고쳐야 할 필요성이 점점 커지고 있기는 하지만, 어쨌든 우리는 여전히 빅뱅 이론을 고수하고 있다. 마찬가지로 1979년 당시 물리학 세상에 생소했던 팽창(inflation) 이론도 고수하고 있다. 하지만 빅뱅 이론은 "왜 지구는 생명을 부양하기에 적합한 환경을 유지하고 있는가?"라는 우주의 신비에 관한 가장 기본적인 질문에도 대답하지 못한다.

우주를 이루는 기본 단위에 대한 연구 역시 점점 미궁 속으로 빠져들고 있다. 연구 데이터가 쌓여갈수록 과학자들은 여러 이론들 사이를 갈팡질팡하거나, 아니면 납득되지 않는 데이터를 무시해야 할 처지가 되었다.

이 책은 새로운 관점을 던진다. 그것은 기존의 이론들이 물리적 세상을 제대로 설명하지 못하고 있으며, 생명과 의식의 본질을 밝혀내지 않는 한 그 과제를 절대 해결할 수 없다는 것이다. 이 책에서 우리는 생명과 의식이 수십억 년에 걸친 물리적 작용에 따른 부수적 결과물이 아니라, 우주의 본질을 이해하기 위한 핵심 요소라고 주장한다. 그리고 바로 이와 같은 접근방식을 가리켜 '생물중심주의(Biocentrism, 바이오센트리즘)'라고 부른다.

생물중심주의 관점에서 볼 때, 생명은 물리학 법칙에 따라 우연적으로 발생한 부산물이 아니다. 또한 우주의 실체와 그 역사는 초등학교에서 배우는 기계적인 당구공 놀이(확률적·우연적 우주론에 대한 은유_옮긴이)가 아니다.

생물학자와 천문학자의 시선으로 세상을 바라봄으로써 우리는 서구 과학이 스스로를 가둬버린 새장에서 벗어날 수 있다. 21세기는 생물학의 시대가 될 것이다. 이는 물리학이 지배했던 20세기로부터의 변화를 의미한다. 새로운 시대를 맞이해서 우리는 보이지 않는 상상 속의 '끈'이 아니라, 두 번 다시 똑같은 방식으로 세상을 관찰할 수 없다는 사실을 보여주는 다양하고도 충격적인 관점을 기반으로 지금까지의 우주를 거꾸로 뒤집어 근본적인 과학으로 통합하려는 시도를 해야 한다.

생물중심주의는 기존 과학으로부터 급진적인 일탈처럼 보인다. 사실 그렇다. 하지만 생물중심주의가 등장할 조짐은 이미 수십 년 전부터 있었다. 또한 생물중심주의는 동양의 종교나 뉴에이지 철학과 비슷해 보이기도 한다. 이 또한 흥미진진한 논의 주제이지만, 이 책에서는 그러한 측면을 다루지는 않을 것이다. 분명하게도 생물중심주의는 주류 과학에 뿌리를 내린 학문 분야이며 과학적 접근방식의 논리적 연장선상에 있다.

생물중심주의는 물리학과 우주론에 대한 새로운 접근방식이다. 여기서 우리는 생물중심주의의 여러 원칙을 소개한다. 그 원칙들 모두 기존 과학을 근간으로 삼으며, 또한 물리적 세상을 설명하는 기존 이론을 새롭게 검토할 것을 요구한다.

CONTENTS

암흑으로 가득한 우주

우주는 우리의 생각이나 상상보다 더 기이한 곳이다.

_존 홀데인

전체적으로 볼 때, 세상은 교과서에서 설명하던 그런 곳이 아니다.

지금까지 과학적 사고는 르네상스를 시작으로 수세기에 걸쳐 이어져 내려온 우주의 형성에 관한 단일한 사고방식에 지배받고 있다. 그 모형은 우주의 본질과 관련해 검증되지 않은 이야기를 우리에게 들려준다. 또한 우리의 삶 구석구석에 영향을 미친다. 하지만 이 모형이 서서히 한계를 드러내면서, 근본적인 진실을 담았지만 지금까지 철저히 외면당한 혁명적인 패러다임으로 대체해야 할 필요성이 대두되고 있다.

새로운 모형은 6,500만 년 전 생태계를 완전히 바꿔놓은 소행성 충돌처럼 갑작스럽게 우리에게 들이닥친 것이 아니다. 그보다 아주 깊은 곳에서 시작된 심층적이고 점진적인 지각 변동의 형태로 다가왔다. 일단 지각 변동이 시작되면 다시는 이전으로 돌아가지 못한다. 우리는 오늘날 고등 교육을 받은 사람들이 뚜렷하게 느끼는 암묵적이면서도 타당한 불안 속에서 그 조짐을 확인할 수 있다. 새로운 모형이 기존 이론에 대한 의혹으로부터, 또는 우주를 설명하려는 대통일 이론(Grand Unified Theory, GUT)에 대한 반발로부터 나온 것은 아니다. 그것보다 새로운 모형은 거의 모든 사람들이 우주에 대한 기존 설명에서 무엇인가 이상한 점이 있다고 느낄 정도로 문제가 심각하다는 사실로부터 비롯됐다.

기존 모형에 따르면 우주는 최근까지도 그 기원이 신비로 둘러싸인 태초의 법칙에 따라 생명 없는 입자들이 서로 충돌하는 공간이다. 그리고 알지 못할 방식으로 스스로 태엽을 감았다가 양자의 무작위성을 슬그머니 허용함으로써 태엽을 풀어나가는 시계와 같다. 여기서 생명체는 알 수 없는 모종의 과정을 거쳐 탄생한 존재로서 물리 법칙에 따라 움직이는 다윈의 메커니즘에 따라 지속적으로 그 형태를 변모시켰다. 그러나 이러한 생명체는 우리가 아직까지 제대로 밝혀내지 못한 의식을 포함하고 있으며, 의식에 관한 모든 연구는 생물학자의 몫으로만 남아 있다.

그런데 여기에 한 가지 문제가 있다. 의식은 생물학의 핵심 연구 분야가 아니다. 의식은 물리학의 과제다. 그러나 현대 물리학의 어떤 분야도 두뇌를 이루는 분자들이 어떻게 의식을 창조하는지 설명하지 못한다. 낙조의 황홀함, 사랑의 기적, 맛있는 요리의 축복 등 우리의 의식적 경험은 현대 과학에서 신비로 남겨져 있다. 과학의 어떤 영역도 물질이 어떻게 의식으로 전환되는지 밝혀내지 못했다. 그래서 기존 모형은 의식의 존재를 부정하는 방식으로 대처해왔다. 그러다 보니 인간이 나타내는 가장 기본적인 현상에 대한 이해는 지극히 초보적인 수준에 머물러 있다. 심지어 기존 물리학은 이러한 상황을 전혀 문제라고 생각하지 않는다.

의식은 필연적으로 물리학의 예기치 못한 영역에서 다시 한 번 등장했다. 양자 이론은 수학적인 차원에서는 효과적이지만, 논리적인 설명은 제대로 제시하지 못한다. 나중에 자세히 살펴보겠지만 입자는 관찰자에 대응해 움직이는 것처럼 보인다. 그러나 이는 논리적으로 납득할 수 있는 현상이 아니기 때문에, 물리학자들은 양자 이론을 설명이 불가능한 이론으로 치부하거나 보다 정교한 이론(수많은 우주가 동시에 존재한다는 식의 설명처럼)을 내놓고자 했다. 그러나 이 현상에 대한 가장 단순한 설명(아원자 입자는 실제로 특정한 환경에서 의식과 상호작용한다)은 기존 모형으로부터 너무 동떨어져 있어서 진지한 고려의 대상이 되지 못했다. 그러나 물리학에서 가장 중대한 두 가지 미스터리가 "의식과 관련 있다"는 사실은 흥미로운 대목이다.

하지만 일단 의식의 문제를 접어둔다고 해도 기존 모형은 우주를 구성하는 기본 단위를 설명하는 과정에서도 많은 허점을 보인다. 최근

수정된 이론에 따르면 우주는 138억 년 전 빅뱅이라는 우스꽝스런 이름이 붙은 중대한 사건으로 탄생했다. 우리는 빅뱅이 어떻게 시작됐는지 알지 못한다. 게다가 팽창의 개념을 추가하는 등 아직 제대로 이해하지 못하는 이론을 동원해 끊임없이 수정하고 있다. 그래도 어쨌든 빅뱅은 지금까지 인류가 관찰한 결과를 설명하기 위해 반드시 필요한 사건이다.

이와 관련해 우리는 6학년 학생에게서 가장 근본적인 질문을 듣는다.

"그러면 빅뱅 전에는 뭐가 있어요?"

노련한 교사는 이렇게 미리 준비한 대답을 들려준다.

"빅뱅 이전에는 시간이 존재하지 않았단다. 시간은 물질과 에너지와 함께 생겨나기 때문이지. 그래서 그 질문은 아무런 의미가 없단다. 북극의 북쪽에 뭐가 있는지 묻는 것과 같아."

그러면 학생은 시무룩한 표정으로 자리에 앉는다. 그리고 다른 학생들 모두 대단히 중요한 지식을 배웠다는 듯한 표정을 짓는다.

또 다른 학생이 질문을 한다.

"팽창하는 우주는 어디로 팽창하는 건가요?"

교사는 다시 한 번 준비된 답변을 들려준다.

"우주 외부에는 공간이 없단다. 우주가 스스로 공간을 확장해 나간다고 생각해보렴. 또한 우주를 '외부에서' 바라볼 수 있는 존재는 없어. 우주 밖에는 아무것도 존재하지 않기 때문이지. 그러니 그 질문도 의미가 없단다."

"그러면 빅뱅은 뭔가요? 빅뱅에 대한 설명은 없나요?"

이 책을 함께 쓴 밥 버먼(Bob Berman)은 수년 동안 대학 강의 시간에 기계적으로 이러한 질문에 이렇게 대답하곤 했다.

"텅 빈 공간에서 입자가 나타났다가 사라집니다. 이것이 바로 '양자 요동(quantum fluctuation)'입니다. 충분한 시간만 주어진다면, 우리는 이러한 양자 요동으로 인해 많은 입자가 생성돼 하나의 우주가 만들어지는 모습을 확인할 수 있을 겁니다. 우주가 정말로 양자 요동으로 생겨났다면, 우리가 관찰하는 특성을 그대로 드러낼 것입니다."

그러면 그 학생도 마찬가지로 자리에 앉는다. 그걸로 끝이다. 우주는 양자 요동으로 생겨났다. 마침내 명확해졌다.

하지만 버먼도 혼자 있는 고요한 시간에는 '빅뱅 이전에 화요일은 어땠을까' 하는 궁금한 생각이 들었다. 그리고 무에서 유가 생겨날 수는 없고, 빅뱅 이론이 우주의 기원에 대해서는 아무것도 설명해주지 않으며, 기껏해야 시간이 존재하지 않는 차원에서 일어난 사건이라는 이야기밖에 들려주지 않는다는 의심이 들었다. 결론적으로 말해서, 우주의 기원과 본질에 대해 가장 널리 알려진 '설명'은 해답에 도달하려는 순간 갑작스럽게 막다른 골목과 마주한 것이다.

물론 군중 속의 몇몇 사람은 '임금님이 벌거벗었다'는 사실을 알고 있었다. 비록 이론물리학자들이 뷔페에서 음식을 흘리는 성향이 있다 하더라도 그들은 엄연히 똑똑하고 권위 있는 인물들이다. 하지만 사람들은 분명히 어떤 순간에 버먼과 같은 의심을 떠올리거나, 적어도 어렴풋이 이런 느낌을 받을 것이다.

"그러한 설명은 아무런 의미가 없어. 근본적인 것은 아무것도 설명해 주지 않아. 처음부터 끝까지 하나도 만족스럽지 않군. 진실이라고, 올바른 대답이라고 느껴지지 않아. 내 질문에 대한 적절한 대답이 아냐. 담쟁이로 덮인 건물 안에서 무언가 썩어가는 냄새가 나는군. 썩은 달걀보다 더 지독한 냄새가 말이야."

가라앉는 배에서 쥐들이 필사적으로 갑판 위로 기어오르는 것처럼, 기존 모형에 따른 수많은 새로운 결함이 끊임없이 떠오르고 있다. 과학자들이 그동안 사랑하고 익숙하게 생각했던 바리온물질(baryonic matter, 눈으로 볼 수 있고 형태와 에너지를 지닌 모든 물질)이 우주의 24퍼센트를 이루는 암흑물질과 더불어 4퍼센트에 불과한 존재로 갑작스럽게 전락해버렸다. 그 대신 신비에 둘러싸인 암흑에너지가 우주의 대부분을 이루는 구성 요소가 되었다. 다른 한편에서 우주의 팽창 속도는 점점 더 높아진다. 휴게실에 모여 잡담을 나누는 사람들이 전혀 인식하지 못하는 동안 우주에 대한 근본적인 이론은 불과 몇 년 사이에 완전히 뒤집어졌다.

지난 수십 년 동안 우리가 알고 있는 우주 속의 중대한 역설에 대한 논의가 이어졌다. 어떻게 물리 법칙은 생명이 살 수 있도록 정확한 균형을 유지하는 것일까? 가령 빅뱅의 폭발력이 100만 분의 1만큼 더 강했더라면, 팽창 속도가 너무나 빨라 은하계와 생명이 탄생하지 못했을 것이다. 그리고 '강력(strong nuclear force, 원자핵을 이루는 양성자나 중성자와 같은 입자 사이에 작용하는 힘으로 기본적인 네 가지 힘 중 가장 강한 힘_옮긴이)'이 2퍼센트만 더 약했더라면, 원자핵은 생성되지 못했을 것이며, 그렇다면 가장 단순한 형태인 수소만이 우주의 유일한 원소로 남았을 것이다. 또한 중력이 조금이라도 약했더라면, 태양과 같은 항성이 불타오르는 일은 없었을 것이다. 그렇지만 빅뱅과 강력, 중력은 기껏해야 태양계와 우주 안에 존재하는, 그리고 너무나 정교해 감히 무작위라고 주장할 수 없는(현대 물리학은 과감하게도 그렇게 하고 있지만) 200개가 넘는 물리적 상수들 중 3가지에 불과하다. 아직 어떤 이론으로도 정확하게 예측하지 못하는 이러한 상수들 모두 치밀하게 그리고 생명과 의식의 존재를 허용하기 위해 신중하게 계산된 것처럼 보인다(의식은 짜증스럽게도 여기서 또 한 번 그 역설적인 존재를 드러낸다). 그러나 기존 모형은 이러한 상수에 대해 아무런 설명을 내놓지 못한다. 반면, 앞으로 살펴보게 되듯이 생물중심주의는 명확한 해답을 제시한다.

문제는 여기서 끝이 아니다. 예측 불가능한 운동을 정확하게 설명하는 놀라운 방정식은 미시적 세상에서 입자의 움직임에 대한 관찰과 모순을 이룬다(정확하게 표현하자면, 아인슈타인의 상대성 이론은 양자 역학과 양립 불가능하다). 우주의 기원을 설명하는 여러 이론은 그들의 관심 대상인 빅뱅에 도달하는 순간 갑작스럽게 멈춰 선다. 궁극적인 한 가지 힘으로 모든 힘을 통합하려는 시도(최근 각광을 받는 것으로 끈 이론이 있다)는 적어도 8개의 추가적인 차원을 요구한다. 그러나 어떤 이론도 우리의 경험으로부터 비롯된 것이 아니며, 또한 어떤 방법을 동원하더라도 경험적 차원에서 검증이 불가능하다.

오늘날의 과학은 모든 구성 요소가 제각각 어떻게 작동하는지 놀랍도록 정확하게 보여준다. 시계를 뜯어보면 수많은 톱니바퀴와 플라이휠이 아주 빠른 속도로 한 치의 오차 없이 돌아가는 모습을 볼 수 있다. 과학자들은 화성의 자전 주기가 24시간 37분 23초라고 말한다. 이는 정확한 수치다. 또한 과학은 물리적 과정에 대한 끊임없는 연구를 바탕으로 신기술을 창조함으로써 우리 모두를 놀라게 만든다. 그러나 과학은 하나의 영역에서 만큼은 허점을 드러낸다. 그리고 안타깝게도 그 영역에는 대단히 중요한 질문이 포함돼 있다.

"우리가 생각하는 우주의 실체는 무엇인가?"

우주를 전체로서 바라보려는 최근의 시도를 은유적으로 표현하자면 '늪'이다. 그리고 그 늪에는 우리가 상식이라고 말하는 악어들이 우글댄다.

종교는 우주의 실체에 관한 근본적인 물음에 회피하거나 무시하는 태도를 유지했다. 그리고 지금까지 위기를 잘 넘겼다. 과학자들은 게임판의 마지막에 신비의 칸이 놓여 있으며, 누구도 이를 넘볼 수 없다고 생각했다. 그들은 인과관계에 대한 모든 설명이 동이 났을 때, 이렇게 말했다.

"신이 그렇게 한 것이다."

하지만 이 책에서는 종교적 믿음이나 그 정당성에 대해 논의하지는 않을 것이다. 다만 신에 호소하는 접근방식이 가장 중요한 질문에 대한 답변을 외면해왔다는 사실만 지적할 뿐이다. 종교는 이미 합의된 결론에 도달하게 될 탐험만을 허용했다. 그래서 1세기 전만하더라도 과학 문헌들은 심오하고 대답하기 어려운 질문에 직면할 때마다 '신'과 '신의 영광'을 내세웠다.

그러나 최근에는 이와 같은 겸손함도 찾아보기 힘들다. 신은 이미 사람들의 관심에서 멀어졌다. 물론 이러한 사회적 현상은 과학의 논리적 접근방식에 도움이 되겠지만, "나는 아무것도 모른다"라는 대답 이외에 어떤 다른 개념이나 도구를 가져다주지 못한다. 이러한 상황에서 스티븐 호킹(Stephen Hawking)이나 칼 세이건(Carl Sagan) 같은 몇몇 과학자들은 오히려 '모든 것의 이론(TOE)'이 완성될 것이며, 그때가 오면 우리는 우주를 완전히 이해하게 될 것이라 주장했다. 그것도 머지않은 미래에 말이다.

하지만 그 순간은 아직 우리를 찾아오지 않았다. 그리고 앞으로도 찾아오지 않을 것이다. 그 이유는 인간의 노력과 지성이 부족해서가 아니다. 다만 우리의 근본적인 세계관 자체에 결함이 있기 때문이다. 이로 인해 우리는 낯선 연구 결과가 모순으로 가득한 기존의 무질서한 이론과 부딪힐 때마다 당황하는 것이다.

하지만 우리는 해결책에 도달할 수 있다. 기존 모형이 결함을 드러내면서 점점 더 많은 과학자들이 궁지에서 벗어나기 위해 새로운 대안을 모색하고 있다. 지금까지 과학자들은 우주를 이루는 한 가지 중요한 요소를 어떻게든 외면하고자 했다. 어떻게 접근해야 할지 몰랐기 때문이다. 그것은 다름 아닌 '의식(consciousness)'이다.

태초에 무엇이 있었던가?

만물은 하나다.

_헤라클레이토스

줄기세포, 동물복제, 세포 차원의 노화방지 등 과학적 탐구 분야를 끊임없이 확장하는 전문가들은 자신이 몸담고 있는 분야의 한계에 대해 무슨 이야기를 들려주는가? 생명은 과학으로 설명할 수 있는 한계를 넘어서 있다. 나는 그러한 사실을 일상생활 속에서 종종 경험한다.

며칠 전에는 내가 태어난 조그마한 섬마을의 둑길을 걷고 있었다. 저수지는 깊고 고요했다. 나는 잠시 걸음을 멈추고 손전등을 꺼봤다. 그러자 길가의 낯선 빛들이 눈에 들어왔다. 썩어가는 낙엽들 아래서 고개를 들어 빛을 뿜어내는 잭오랜턴(jack-o'lantern) 버섯처럼 보였다.

나는 쭈그리고 앉아 손전등을 켜고 자세히 들여다봤다. 그 정체는 유럽에 서식하는 북방반딧불이 유충이었다. 뚜렷하게 구분된 조그마한 타원형 몸체에서 나는 5억 년 전 캄브리아기 바다에서 기어 나온 삼엽충의 원시성이 느껴졌다. 서로 다른, 하지만 본질적으로 하나로 연결된 세상에 태어난 우리 두 생명체가 그곳에서 마주했다. 벌레는 푸르스름한 빛을 감췄고, 나도 다시 손전등을 껐다.

그 순간 나는 유충과의 상호작용이 우주 속 서로 다른 두 물체의 상호작용과 같은 것인지 궁금한 생각이 들었다. 이 조그마한 원시 유충은 행성이 태양을 공전하듯 회전하는 단백질과 분자들의 또 다른 집합일까? 이 생명은 유물론으로 설명할 수 있는 존재일까?

물리학과 화학의 법칙으로 원시 생명체를 이해할 수 있다는 주장은 사실이다. 나는 의사로서 생명체의 화학적 원리와 동물의 세포 조직에 대해 장황한 설명을 늘어놓을 수 있다. 산화 과정, 신진대사 작용, 다양한 종류의 탄수화물, 지방, 아미노산 구조 등에 대해 말할 수 있다. 하지만 이 발광하는 유충은 그 생화학적 기능의 총합보다 더 많은 의미를 담고 있다. 세포와 분자를 들여다본다고 생명을 이해할 수 있는 것은 아니다. 우리는 지각과 경험이 얽힌 인지 구조를 외면하고서는 생명을 설명하지 못한다.

내가 내 자신의 물리적 세상에서 중심이듯 그 유충 역시 자신의 세상에서 중심일 것이다. 우리 둘은 함께 상호작용을 하고, 39억 년의 생물 역사의 한 순간에 동시에 존재하고 있다는 사실뿐만이 아니라, 우주의 근간을 이루는 신비로우면서 암시적인 패턴으로 연결돼 있었다.

엘비스 프레슬리가 그려진 우표가 지구를 방문한 외계인에게 팝음악 역사를 상징하는 이미지 이상의 가치가 있는 것처럼, 그 곤충은 어쩌면 웜홀(wormhole, 우주에서 먼 거리를 가로지를 수 있는 가상의 지름길_옮긴이)의 비밀을 알려줄 이야기를 간직하고 있을지 모른다. 우리가 그 이야기에 귀를 기울일 자세를 취하고 있다면 말이다.

그 벌레는 어둠 속에 가만히 웅크리고 있었지만, 나는 분절된 몸체 아래로 뻗어 있는 다리와 두뇌에 메시지를 전달하는 감각 세포를 확인할 수 있었다. 그 생명체의 시스템은 지극히 원시적이어서 다양한 데이터를 수집하거나 내가 서 있는 위치를 정확하게 파악할 수는 없을 것이다. 반딧불이에게 나는 아마도 허공 속에서 빛을 발하는 크고 털이 난 그림자쯤으로 보였을 것이다. 물론 확인할 방법은 없다. 그러나 내가 일어서서 자리를 떴을 때, 나의 존재는 틀림없이 그 반딧불이의 작은 세상 속에서 확률의 안개로 흩어졌을 것이다.

과학은 지금까지 물질적 현실의 중요한 구성 요소인 생명의 특성을 제대로 이해하지 못했다. 거대한 우주를 이해하기 위해서 생물중심주의가 반드시 필요하다는 생각은 우리가 의식이라고 말하는 주관적 경험이 물리적 세상과 관계를 맺는 방식을 기반으로 한다.

나는 과거의 위대한 인물들, 그리고 오늘날 가장 존경받는 인물들의 어깨 위에 올라서서 이와 같은 거대한 미스터리를 풀기 위해 노력했다. 또한 생물학을 바탕으로 여러 분야에서 실패를 거듭하고 있는 '모든 것의 이론'을 발견하기 위한 과정에서 내 전임자들을 깜짝 놀라게 만들 결론에 이르렀다.

우리가 "인간 유전자 지도의 완성 또는 빅뱅의 시작에 대한 규명에 한 걸음 더 다가서게 되었다"는 발표에 열광한 것은 완전성과 전체성을 추구하는 인간 본연의 욕망 때문이다. 그러나 보편적 이론 대부분은 한 가지 중요한 사실을 간과하고 있다. 그것은 그 이론을 창조한 것이 바로 인간이라는 점이다. 인간은 세상을 관찰하고 이야기를 만들어내는 생물학적 존재다. 우리는 예전에 가장 익숙하고 신비로웠던 그러나 과학이 어떻게든 외면하고자 했던 의식 속에서 통찰력을 발견할 수 있다. 당대에 유행했던 낙관주의에 반기를 든 미국의 사상가이자 시인인 랄프 왈도 에머슨(Ralph Waldo Emerson)은 자신의 에세이 《경험(Experience)》에서 이렇게 말했다.

> 우리는 직접 보지 못하고, 오직 간접적으로밖에 볼 수 없다는 것을 배웠다. 그리고 우리에게는 세상을 왜곡하는 색깔 렌즈를 고칠 수 있거나 그 오차를 확인할 수 있는 도구가 없다. 인간의 창조성은 이러한 일인칭 렌즈에서 비롯된 것이다. '객관적인 세상이란 어쩌면 존재하지 않는 것인지 모른다.'

대학과 마을의 이름에 자신의 흔적을 남긴 조지 버클리(George Berkeley) 역시 이와 비슷한 결론에 도달했다.

"우리가 인식하는 것은 자신의 지각(perception)뿐이다."

일반적으로 사람들은 생물학자들이 새로운 우주 이론을 만들어 낼 것이라 기대하지 않는다. 그러나 태아 줄기세포 형태로 '만능세포(universal cell)'를 개발할 무렵, 그리고 우주학자들이 20년 안에 우주의 대통일 이론이 완성될 것이라 예측할 무렵, 생물학자들은 '살아있는 세상'에 대한 이론을 바탕으로 '물리적인 세상'에 대한 기존 이론을 통합할 것이다. 생물학 이외에 어떤 다른 분야가 이러한 과제를 성취할 수 있겠는가? 이러한 점에서 생물학은 과학의 알파이자 오메가다. 우주를 이해하기 위해 인간이 만든 자연과학이 앞으로는 인간의 본질을 밝혀낼 것이다.

그러나 여기에도 중요한 문제가 숨어 있다. 주류 과학 속에서 사실이라는 가면을 쓴 관념적 이론들이 과학의 발목을 붙잡고 있다. 19세기에 제기됐던 '에테르(ether)', 아인슈타인의 '시공간(space-time)', 다양한 분야에서 모습을 드러내고 있는 새로운 차원의 '끈 이론', 그리고 우주의 구석에서 희미하게 빛을 발하는 '거품(bubble, 다중우주론은 지구가 속한 우주 외에도 수많은 다른 우주가 거품의 형태로 존재한다고 가정한다_옮긴이)'이 바로 그 사례다. 이들 이론은 보이지 않는 차원(어떤 경우에는 100개에 이르는)을 가정하고 있고, 일부는 구부러진 빨대 모양의 차원을 제시하고 있다.

오늘날 과학계가 이처럼 검증이 불가능한 '모든 것의 이론'으로 가득하다는 사실은 과학 자체에 대한 모독이다. 그리고 언제나 모든 것에 의심을 품어야 한다고, 그리고 베이컨이 지적했던 '마음의 우상(The Idols of the Mind)'을 숭배하지 말라고 가르치는 과학의 정신에 대한 배반이다. 현대 물리학은 《걸리버 여행기(Gulliver's Travels)》에서 세상에 아무런 관심도 없는 섬나라 라퓨타(Laputa)처럼 불안하게 허공을 날아다니고 있다. 과학이 어떤 이론의 결함을 마치 모노폴리 보드게임에서 집을 팔고 사는 것처럼 우주에서 새로운 차원(눈으로 볼 수도 없고 경험적·실증적 증거도 전혀 존재하지 않는)을 빼거나 더하는 방식으로 해결하려고 들 때, 우리는 한 발 물러나 기존 이론을 새롭게 검토해야 한다. 다양한 개념이 어떤 물리적 확증이나 실증적 검증의 희망 없이 어지럽게 흩어져 있을 때, 사람들은 그러한 이론을 여전히 과학이라 부를 수 있을지 의심할 것이다. 뉴욕주립대학교 상대성 이론 전문가 태런 비스와스(Tarun Biswas)는 이렇게 말했다.

"관찰할 수 없다면 이론의 타당성을 입증할 수 없다."

하지만 이론적 체계의 내적 결함은 생명의 미스터리를 더욱 빛나게 만든다. 이러한 국면에서 물리학자들은 종종 과학의 경계를 뛰어넘으려는 시도를 한다. 그들이 갈망하는 해답은 사실 생명과 의식의 문제와 긴밀하게 얽혀 있다. 그러나 물리학자들의 노력은 시지프스의 형벌을 떠올리게 한다. 물리학은 결코 그들에게 최종적인 해답을 허락하지 않을 것이기 때문이다.

물리학자들은 흥미롭고 매력적인 대통일 이론을 완성하기 위해 노력하는 과정에서 우주에 관한 근본적인 질문에 대답을 내놓았지만, 미스터리의 핵심은 여전히 비켜가고 말았다. 그 핵심이란 "우주의 법칙이 태초에 관찰자를 창조했다"는 것이다. 그리고 생물중심주의와 이 책의 핵심 주제는 우리가 살아가는 세상이 바로 그 관찰자의 존재에 의해 비로소 존재할 수 있다는 생각이다.

이는 세계관의 관점에서 중대한 변화를 의미한다. 오늘날 전반적인 교육 시스템과 언어 체계 그리고 사회적으로 용인된 '전제(논의의 출발점이 되는)'는 우리 모두가 잠정적으로 가정하는 '외부에 존재하는' 독립적인 우주라는 개념을 기반으로 한다. 한 걸음 더 나아가 이미 외부에 존재하는 현실을 인식하는 주체로서 우리 인간은 그러한 현실에 거의 또는 전혀 영향을 미칠 수 없다고 가정한다.

이러한 개념과 가정에서 벗어나기 위해 우리가 처음으로 해야 할 일은 객관적인 우주가 생명 또는 의식이나 지각의 주체와는 무관하게 지금 그대로의 모습으로 존재한다는 보편적인 믿음에 의문을 던지는 것이다. 물론 이미 우리 사회에 깊숙이 뿌리내린 믿음을 흔들기 위해서는 이 책의 전체 지면을 할애해 관련된 다양한 과학적 증거를 살펴봐야 할 것이다. 하지만 여기서는 간단한 논리를 기반으로 논의를 시작해보고자 한다. 옛날의 위대한 사상가들은 복잡한 방정식이나 500억 달러짜리 입자가속기 없이 오로지 논리만으로 세상을 신선한 관점에서 바라볼 수 있다고 믿었다. 실제로 우리는 그러한 논리만으로도 "인식이 없으면 현실도 없다"는 사실을 이해할 수 있다.

보고 듣고 생각하는 다양한 인식 활동이 없다면, 무엇이 남아 있을까? 우리는 생명체가 없어도 우주는 저쪽 바깥에서 틀림없이 존재할 것이라고 쉽게 생각한다. 그러나 이러한 생각은 하나의 사고 과정이며, 사고 과정이 이뤄지기 위해서는 두뇌라는 사고 기관이 필요하다. 그런데 그러한 사고 기관이 없다면? 이 질문에 대한 논의는 다음 장에서 자세하게 살펴볼 것이다. 여기서는 다만 이러한 질문이 일종의 형이상학적 물음이며, 우리는 이러한 물음에 대해 관념적인 철학적 접근 방식이 아니라 오로지 과학적 차원에서 논의를 전개할 것이라는 사실만 언급하고 넘어가도록 하자.

논의를 위해, 우리가 분명하게 존재한다고 생각하는 모든 사물이 인식 활동으로부터 비롯된 것이라는 결론을 받아들여 보자. 그렇다면 아무런 인식 주체가 없을 때, 존재는 과연 무엇을 의미하는 것일까?

'부엌은 언제나 그 자리에 있다'는 부정하기 힘든 믿음에 대해 살펴보자. 우리는 자신이 어디에 있든 간에 부엌이 기존의 형태와 색상으로 존재한다고 믿는다. 우리는 밤에 부엌 불을 끄고 침실로 자러 가지만, 그래도 '부엌은 밤새도록 그렇게 있다'고 생각한다. 그렇지 않은가?

그러나 한번 따져보자. 냉장고와 스토브 등 모든 주방 도구들은 희미하게 빛을 발하는 물질·에너지의 집합으로 이뤄져 있다. 이 책의 두 장을 통해 자세히 살펴보게 될 양자 이론은 물질을 이루는 아원자 입자가 절대 구체적인 위치에 존재하지 않는다는 사실을 말해준다. 입자는 다만 육안으로 확인할 수 없는 확률의 구름 속에 존재한다. 여기서 관찰자가 등장할 때, 즉 우리가 물을 마시러 부엌에 들어갈 때, 입자의 파동함수(wave function, 양자 역학에서 전자, 양성자, 중성자 등 아원자 입자의 상태를 나타내는 함수_옮긴이)가 붕괴되면서 구체적인 위치, 즉 물리적 현실을 취하게 된다. 그때까지 부엌의 주방 도구들 모두 확률의 조합에 불과하다.

여기서 잠깐! 이러한 설명이 너무 극단적인 이야기처럼 들린다면, 골치 아픈 양자 이론은 내려놓고 일반 과학으로 돌아오자. 그래도 우리는 비슷한 결론에 이르게 된다. 우리가 생각하는 부엌의 구조와 형태, 색깔은 그 자체로 존재하는 듯 보인다. 그러나 이들 모두 천장에 달린 전등에서 뿜어져나온 광자가 갖가지 사물에 반사돼 망막과 신경계로 이뤄진 정교한 시각 기관의 중개를 통해 두뇌와 상호작용함으로써 생성된 결과물이다. 우리는 이미 중학교 과학 시간에 이러한 작용을 배웠다. 그런데 다음 장에서 자세히 다루고 있듯이 여기서 중요한 점은 빛 자체는 어떠한 색상이나 시각적 특성도 갖고 있지 않다는 사실이다. 그렇다면 비록 우리는 자신이 침실에 있을 때에도 부엌은 여전히 '거기'에 존재한다고 확신하지만, 사실은 의식의 상호작용이 없을 때 우리가 떠올리는 부엌의 모습과 조금이라도 닮은 무언가는 세상에 존재하지 않는다. 말도 안 되는 소리라고 생각된다면, 조금만 더 끈기 있게 이 책을 읽어보자. 이는 생물중심주의에서 가장 쉽고 명백한 개념이다.

바로 이 지점에서 생물중심주의는 지난 수세기 동안 진리로 인정받았던 다양한 이론들과 차별화된 여정으로 접어든다. 과학계 전문가든 아니면 일반인이든 대부분의 사람들은 세상이 독자적으로 그리고 우리가 보는 것과 비슷한 형태로 존재한다고 믿는다. 이러한 관점에서 인간이나 동물의 눈은 외부 세상을 정확하게 받아들이는 창문에 불과하다. 그러한 창문이 사라질 때, 즉 개체가 죽음을 맞이하거나 의식이 혼미해질 때, 또는 시각 기능을 상실할 때에도 외부 현실 또는 가정된 '실재'는 똑같은 모습으로 남아 있다. 나무는 그 자리에 서 있고 달은 똑같이 빛난다. 우리가 나무와 달을 인식하든 그렇지 않든 간에 말이다. 이들 모두 우리와 무관하게 존재한다. 우리의 눈과 두뇌는 사물의 '실제' 모습을 있는 그대로 받아들이도록 설계됐다. 개는 그렇게 그늘 속 단풍나무를 본다. 그리고 독수리는 나뭇잎을 뚫고 먹이를 발견한다. 또한 시각 기관이 없는 생명체도 근본적으로 현실에 존재하는 동일한 대상을 지각한다.

반면 생물중심주의는 "그렇지 않다"고 말한다.

"그게 정말로 거기에 있을까?"

이는 대단히 오래된 질문이다. 생물중심주의보다 훨씬 더 먼저 등장했다. 그리고 이 질문에 가장 먼저 대답을 내놓을 것도 생물중심주의가 아니다. 하지만 생물중심주의야말로 다른 모든 이론과는 달리 이 질문에 대한 타당한 '설명'을 제시한다. 거꾸로 이 질문에 대한 타당한 설명은 곧 생물중심주의다. "생물학적 존재 외부에 독립적으로 존재하는 세상이란 없다"는 사실을 받아들일 때, 기존의 많은 이론은 그 설득력을 잃어버리고 만다.

나무가 쓰러지는 소리

실제 세계가 어떤 지각 행위에 대해서도 독립적으로 존재한다는 전제는 물리학의 기본이다. 그러나 우리는 이 전제가 옳은 것인지는 알 수 없다.

_아인슈타인

"숲에서 나무가 쓰러질 때, 아무도 없어도 소리는 나는 것일까?"

여러분은 아마도 이 오래된 질문을 들어본 적이 있거나 한번쯤 곰곰이 생각해본 일이 있을 것이다. 친구나 가족에게 물어보면 대부분 단호한 대답을 듣게 된다.

"당연히 소리가 나죠."

얼마 전 한 사람은 고민해볼 가치도 없는 바보 같은 질문이라며 불쾌한 표정을 내게 보였다. 사람들의 이러한 반응은 객관적이고 독립적인 현실에 대한 그들의 믿음을 드러낸다. 세상을 바라보는 사람들의 근본적인 태도는 우리와 무관하게 그렇게 존재한다는 것이다. 이러한 생각은 '미물인 나'는 우주 속에서 별로 중요한 존재가 아니라는, 성서 시대 이후로 이어져 내려온 서구 세계관과 잘 맞아떨어진다.

사실 숲에서 나무가 쓰러질 때 발생하는 소리에 대해 깊이 고민하는(또는 고민하기 위한 충분한 과학적 배경 지식을 가진) 사람은 거의 없다. 소리는 어떤 과정을 거쳐 생성되는 것일까? 초등학교 고학년 과학 시간에 들었던 이야기를 떠올리기 힘든 독자를 위해 간단하게 설명하자면 다음과 같다.

소리는 매질의 교란에 의해 발생한다. 일반적으로 매질은 공기다. 또는 물이나 쇠처럼 공기보다 밀도가 높은 물질이 매질일 경우, 소리는 보다 빠르고 효과적으로 전달된다. 숲에서 나무가 쓰러질 때 공기는 빠르게 진동한다. 귀가 들리지 않는 사람도 이를 감지할 수 있다. 공기가 초당 5~30회로 진동할 때, 그들의 민감한 피부는 분명하게 느낀다. 그렇다면 나무가 쓰러질 때 우리가 실질적으로 감지하는 대상은 공기의 진동이다. 이는 시속 1,200킬로미터의 속도로 주변 공기를 매질삼아 퍼져나간다. 그리고 그 과정에서 공기의 균일한 밀도가 깨졌다가 복원된다. 과학적 설명에 따르면, 크고 작은 공기압의 변화는 두뇌와 귀로 이뤄진 청각 시스템이 존재하지 않을 때에도 지속된다. 이 변화는 작은 바람이 빠르게 부는 것과 같다. 하지만 그 바람 속에 소리가 존재하는 것은 아니다.

이제 나무가 쓰러지는 상황을 자세히 살펴보자. 누군가 근처에 있다면 공기 파동이 물리적으로 고막을 진동시킨다. 그런데 두뇌 신경을 자극하기 위해서는 공기가 초당 20~20,000회 진동해야 한다(나이가 마흔이 넘을 경우, 상한선은 10,000회 정도로 낮아지며 고막을 찢을 듯 시끄러운 콘서트 장에서 젊음을 보낸 경우는 더 낮아진다). 물론 초당 15회 진동하는 파동과 30회 진동하는 파동은 본질적으로 차이가 없다. 그럼에도 우리는 후자는 들을 수 있지만 전자는 듣지 못한다. 그 이유는 두뇌 신경계가 설계된 방식 때문이다. 고막의 진동으로부터 자극을 얻은 뉴런은 전기 신호를 두뇌로 송출하고, 그러면 두뇌는 그 신호를 소리로 해석한다. 이 전체 과정은 분명하게도 공생적(symbiotic) 경험이다.

공기 파동은 그 자체로 소리를 만들지 않는다. 가령 1초에 15회 진동하는 파동은 주변에 아무리 많은 사람이 있더라도 듣지 못하고 침묵 속으로 사라진다. 인간의 청각 시스템은 특정 범위의 주파수만 인식하도록 설계됐다. 결론적으로 말해서, 청각적 경험에서 관찰자의 귀와 두뇌는 공기 파동만큼 필수적인 요소다. 바로 이러한 형태로 우리의 의식은 외부 세상과 긴밀하게 얽혀 있다. 그렇기 때문에 아무도 없는 숲에서 나무가 쓰러지면서 만들어내는 것은 적막한 공기의 파동뿐이다.

그럼에도 누군가 콧방귀를 뀌며 "아무도 없어도 나무는 쓰러지면서 소리를 내지"라고 주장한다면, 그건 아무도 없다는 말이 정확하게 무엇을 의미하는지 모르기 때문이다. 그의 마음은 여전히 나무 주변을 맴돌고 있다. 그는 여전히 그곳에 있는 자신을 가정하는 것이다.

다음으로 아무도 없는 숲 한가운데 탁자가 있고 그 위에 촛불이 놓여 있다고 상상해보자. 비록 권장할 만한 실험 조건은 아니지만, 스모키 베어(Smokey the Bear, 미국 산림청의 산불방지 홍보용 회색 곰_옮긴이)가 만약의 사태에 대비해 소화기를 들고 대기하고 있다고 해두자. 여기서 아무도 촛불을 바라보지 않는다고 해도 불꽃은 여전히 밝은 주황색을 발하는 것일까?

양자 실험의 결과를 부인하고 관찰자가 없어도 전자를 비롯한 모든 입자가 구체적인 위치를 차지한다고 가정해도(이에 대해서는 나중에 자세히 논의하자), 촛불의 실체는 결국 뜨거운 가스다. 그리고 여러 다양한 광원과 마찬가지로 광자 또는 전자기 에너지 파동을 방출한다. 이들 모두 전기적·자기적 파동으로 이뤄져 있다. 전기와 자기의 순간적인 출현이야말로 빛의 본질인 것이다.

우리는 전기파나 자기파 자체로 어떤 시각적 특성도 담고 있지 않다는 사실을 일상적인 경험을 통해 확인할 수 있다. 다시 말해, 촛불 그 자체로 주황색을 발하는 것이 아니라는 사실을 쉽게 이해할 수 있다. 촛불이 방출한 전자파가 우리의 망막에 도달한다고 상상해보자. 이때 400~700나노미터(nanometer, 10억분의 1미터)에 해당하는 파장이 망막에 분포한 800만 개의 원추세포에 자극을 전달한다. 그러면 원추세포는 다시 이웃한 뉴런에 신호를 전하고, 그 신호는 시속 400킬로미터 속도로 따뜻하고 축축한 후두부에 도달한다. 그곳에 복잡하게 얽혀 있는 뉴런들이 자극을 받아 발화하고, 우리는 비로소 자신에게 친숙한 '외부 세상' 속에서 주황색 불꽃을 경험한다. 그러나 인간이 아닌 다른 생명체는 동일한 자극에도 전혀 다른 경험을 한다. 가령 다른 생명체는 같은 촛불을 '회색' 불꽃으로 본다. 이 이야기의 핵심은 '주황색'이 애초에 '거기에' 존재하지 않는다는 사실이다. 존재하는 것은 눈에 보이지 않는 전기적·자기적 파동의 흐름이다. 주황색 불꽃을 경험하기 위해서는 인간의 시각 시스템이 반드시 필요하다. 인간의 인식과 사물은 여기서 다시 한 번 상호의존적인 관계를 맺는다.

무엇인가 만질 때는 어떨까? 쓰러진 나무를 손가락으로 눌러보면 딱딱함을 느낄 수 있다. 하지만 이러한 딱딱함 역시 두뇌 속에서 일어나서 손가락에 '투영된' 감각이다. 즉, 우리의 마음속에서 일어나는 현상이다. 더 나아가 딱딱함이라는 감촉은 실제로 딱딱한 물체와의 접촉이 아니라, 모든 원자의 외부 껍질에 존재하는 음전하를 띤 전자로부터 비롯되는 것이다. 잘 알다시피 동일한 극성을 띤 전하는 서로 밀어낸다. 나무껍질을 이루는 원자의 전자는 손가락을 이루는 원자의 전자를 밀어내고, 이러한 전기적 반발력 때문에 우리는 나무껍질이 딱딱하다고 느낀다. 엄밀하게 말해서 손가락이 나무껍질과 접촉함으로써 딱딱함을 느끼는 것이 아니다. 손가락을 이루는 원자의 대부분은 거대한 미식축구 경기장 50야드 라인에 파리 한 마리가 앉아 있는 것처럼 텅 비어 있다. 딱딱함을 느끼게 만드는 것이 에너지장이 아니라 정말로 딱딱한 물질이라면, 우리의 손가락은 안개를 휘젓듯 나무 속을 쉽게 관통할 것이다.

좀 더 직관적인 사례로 무지개에 대해 생각해보자. 산봉우리 사이에 펼쳐진 화려한 무지개는 보는 이의 숨을 멎게 만들 정도로 아름답다. 그러나 무지개가 모습을 드러내기 위해서는 관찰자의 존재가 반드시 필요하다. 인식 주체가 없으면 무지개도 없다.

여기서도 여러분은 그렇지 않다고 생각할지 모른다. 하지만 무지개는 가장 분명한 사례다. 무지개가 존재하기 위해서는 세 가지 요소가 필요하다. 태양과 물방울 그리고 적절한 위치에 있는 관찰자의 눈(또는 대체물인 카메라)이 그것이다. 태양을 등지고 서 있을 때, 물방울 속으로 들어간 빛은 40~42도의 각도로 반사돼 우리 눈에 들어온다. 그렇기 때문에 무지개를 보려면 굴절된 빛이 도달하는 범위 안에 자리를 잡아야 한다. 또한 서로 다른 곳에 위치한 사람은 서로 다른 무지개를 본다. 다른 사람이 보는 무지개는 우리가 보는 것과 비슷하게 생겼지만 완전히 똑같지는 않다. 그리고 반사하는 물방울의 크기가 클수록 색상은 선명해지고 파란색 띠는 좁아진다.

잔디밭 스프링클러처럼 물방울이 아주 가까이 있을 때에는 무지개가 보이지 않는다. 이처럼 우리가 지금 보고 있는 무지개는 오직 우리 자신만이 볼 수 있다. 이제 원래의 질문으로 돌아가자. 그런데 관찰자가 없다면? 당연히 무지개도 없다. 무지개의 기하학적 요건을 충족시키기 위해서는 눈과 두뇌로 이뤄진 시각 시스템(또는 카메라)이 반드시 필요하다. 무지개는 객관적으로 존재하는 것처럼 보이지만 태양과 물방울만큼 우리의 존재를 필요로 한다.

이렇게 생각해보면, 우리는 관찰자가 없으면 무지개도 없다는 사실을 쉽게 이해할 수 있다. 만일 관찰자가 조금씩 자리를 옮기면 무지개 역시 조금씩 다른 모습을 보일 것이다. 이는 사변적이거나 철학적인 접근방식이 아니다. 초등학교 과학 시간에 배우는 이야기다.

하지만 무지개의 이와 같은 주관적 특성에 대해 이야기하는 경우는 거의 없다. 이러한 사실은 동화를 보면 잘 알 수 있다. 동화 속 무지개는 뚜렷하게 존재하는 실체다. 이와 똑같은 논리를 따른다면, 우리는 고층빌딩 전망대에서 바라보는 풍경 역시 관찰자에 의존한다는 사실을 쉽게 납득할 수 있다. 그렇게 세상을 바라볼 때, 우리는 비로소 사물의 본성을 이해하게 된다.

이제 우리는 생물중심주의의 첫 번째 원칙에 도달했다.

생물중심주의 제1원칙 ▼

- 우리가 생각하는 현실은 의식을 수반하는 과정이다.

여정의 시작

신이 세상을 창조했다면 신은 누가 창조했을까?

_로버트 란자

의대에 들어가기 전부터 그리고 세포와 인간배아 복제를 연구하기 오래전부터 나는 이미 복잡하고 신비로운 자연 세계에 푹 빠져 있었다. 어릴 적의 숲속 탐험과 〈필드앤드스트림(Field and Stream)〉 잡지 광고를 보고 18.95달러에 신청했던 영장류 체험 프로그램 그리고 십대 시절 닭을 가지고 했던 유전학 실험은 이후 내가 생물중심주의 세계관을 구축하는 과정에 밑거름이 되어줬다. 또한 닭 유전학 실험 덕분에 저명한 하버드대학교 신경생물학자 스티븐 커플러(Stephen Kuffler) 교수의 제자가 될 수 있었다.

내가 커플러 교수님 밑에서 공부를 하게 된 것은 뜻밖에도 과학 박람회 때문이었다. 사실 과학 박람회는 내게 가정환경 때문에 나를 무시했던 많은 이들에게 맞서기 위한 일종의 방어 수단이었다. 누나가 학교에서 정학을 당했을 때, 교장 선생님은 어머니에게 부모로서 자격이 없다고 했다. 그때 나는 암울한 가정환경에서 벗어나기 위해서 엄청난 노력을 해야 한다는 사실을 깨달았다. 내가 과학 박람회에 도전하겠다고 선언하자 선생님과 친구들은 나를 비웃었다. 하지만 나는 그들 앞에서 당당하게 상을 받게 될 날을 꿈꿨다. 그러고 나서 야심찬 프로젝트를 계획했다. 그건 닭의 유전자를 조작해서 흰색 닭을 검은색으로 바꾸는 실험이었다. 그러나 생물 선생님은 불가능한 일이라 말했다. 부모님 역시 계란을 부화시키는 장난으로밖에 보지 않았고 계란을 사기 위해 농장으로 데려다달라는 부탁을 들어주지 않았다.

나는 혼자서 버스와 전차를 갈아타고 의학 분야에서 가장 권위 있는 기관인 하버드 의과대학으로 여행을 떠나기로 결심했다. 그리고 결국 계단을 올라 건물 현관에 도착했다. 그 앞에는 오랜 세월의 흔적을 고스란히 간직한 거대한 대리석 조각이 놓여 있었다. 입구로 들어서면서 나는 과학자들이 나를 반갑게 맞이하고 내 실험에 관심을 기울여줄 것이라 기대했다. 나 역시 한 사람의 과학자가 아닌가? 그걸로 충분하지 않는가? 그러나 나는 경비실조차 통과하지 못했다.

거대한 궁전의 경비병이 내게 "꺼져!"라고 소리쳤을 때, 나는 에메랄드시티의 도로시가 된 느낌이었다. 나는 건물 뒤에서 잠시 숨을 돌리면서 어떻게 해야 할지 고민했다. 출입문은 완전히 봉쇄됐다. 그렇게 나는 30분가량이나 커다란 쓰레기통 옆에서 고민했다. 그런데 나와 비슷한 키에 티셔츠와 카키색 작업복 차림의 한 남자가 멀리서 걸어오는 게 보였다. 얼핏 청소부처럼 보였던 그는 뒷문을 통해 건물 안으로 들어갔다. 나도 잽싸게 그를 따라 들어갔다. 건물 안으로 들어섰을 때 그는 나를 쳐다봤다. 나는 속으로 이렇게 생각했다.

'저 사람은 내가 여기 있는지 신경도 안 쓸 거야. 바닥 청소만 하고 가겠지.'

그러나 그는 내게 이렇게 물었다.

"무슨 일로 온 거니?"

"하버드 교수님께 뭘 좀 물어볼 게 있어서요."

"어느 교수님을 찾지?"

"사실은 잘 몰라요. DNA와 핵단백질에 관한 건데, 선천성 색소결핍증에 걸린 닭을 대상으로 멜라닌 합성을 유도하는 실험을 하고 있어요."

그러자 그는 놀랍다는 표정으로 나를 바라봤다. 나는 용기를 얻어 설명을 이어나갔다. 물론 그가 DNA가 무엇인지도 모를 거라고 생각했지만.

"색소결핍증은 일종의 상염색체열성 질환인데…."

그러고는 그동안 학교 구내식당에서 열심히 일을 했고, 동네 청소부 채프먼씨와 친하게 지냈던 이야기를 늘어놓았다. 그는 내게 아버지가 의사인지 물었다. 나는 웃음을 터뜨렸다.

"그럴 리가요. 아버지는 프로 도박사예요. 포커 게임을 하죠."

그 순간 우리는 친구가 되었다. 적어도 나는 그렇게 생각했다. 어쨌든 우리 둘 다 불우한 환경 출신이니까. 그러나 그때 내가 몰랐던 것은 그 사람이 바로 스티븐 커플러 교수라는 사실과 노벨상 후보로 이름을 올렸던 세계적인 신경생물학자라는 사실이었다. 만일 그가 처음부터 그렇게 밝혔더라면 나는 아마 도망쳤을 것이다. 그러나 어처구니없게도 나는 선생님이 학생에게 설명하듯 지하실에서 하고 있던 실험에 대해, 즉 흰색 닭의 유전자를 조작해서 검은색 닭으로 바꾸는 실험에 대해 이야기를 늘어놓았던 것이다.

"부모님께서 자랑스러워하시겠구나."

"부모님은 제가 뭘 하는지 몰라요. 혼자 틀어박혀서 하니까요. 아마 병아리를 부화시키는 거라고 생각하실 거예요."

"부모님이 여기까지 태워주셨니?"

"아뇨, 제가 어디 있는지 알면 절 죽이려 들 걸요? 오두막에서 놀고 있을 거라 생각하실 거예요."

그는 내게 '하버드 의사'를 소개시켜주겠다고 했다. 나는 주춤했다. 어쨌든 그는 청소부고 나 때문에 괜한 문제에 휘말릴 수 있기 때문이었다. 그는 미소를 지으며 말했다.

"내 걱정은 하지 마."

그를 따라 들어간 방은 복잡하게 생긴 장비들로 가득했다. 이상하게 생긴 실험 도구를 들고 장비를 들여다보고 있던 '의사'가 애벌레 신경 세포 속에 전극을 집어넣고 있었다. 물론 그때는 무슨 일을 하는지 몰랐다. 그 의사는 조쉬 세인스(Josh Sanes)라는 대학원생이었다. 그는 현재 하버드의 국립과학협회(National Academy of Sciences) 회원이자, 두뇌과학 연구소(Center for Brain Science) 소장으로 있다. 그의 옆에는 샘플이 담긴 작은 원심분리기가 돌아가고 있었다. 내 친구는 의사에게 귓속말로 뭐라고 말을 했다. 하지만 모터 소리 때문에 무슨 이야기를 하는지 들리지 않았다. 의사는 호기심 어린 자상한 눈빛으로 나를 바라보며 미소를 지어줬다.

"나중에 다시 올게."

내 친구는 인사를 하고 방을 떠났다.

그날 내 오랜 꿈이 실현됐다. 나는 오후 내내 그 의사와 함께 이야기를 나눴다. 그러다 문득 시계를 보았을 때, 너무 늦었다는 사실을 깨달았다.

"앗, 큰일났어요. 집에 가야 해요!"

그길로 허겁지겁 집으로 돌아와 곧장 나무 위 오두막으로 올라갔다. 저녁이 되자 어머니가 나를 부르는 소리가 기차 경적처럼 숲에 울려 퍼졌다.

"로비~! 저녁 먹어라!"

그날 저녁, 아무도 내가 세상에서 가장 위대한 과학자들을 만나고 왔다는 사실을 알지 못했다. 물론 나도 포함해서. 커플러 교수는 1950년대에 생리학, 생화학, 조직학, 해부학, 전자현미경 기술을 통합해 새로운 의료분야를 구축했다. 그 분야의 명칭은 '신경생물학(Neurobiology)'이었다.

1996년에 하버드대학교는 커플러 교수를 학장으로 신경생물학부를 신설했다. 내가 의대를 다니던 동안 커플러 교수의 《뉴런에서 두뇌로(From Neurons to Brain)》는 교과서였다.

커플러 교수가 도움을 주기 불과 몇 달 전만 하더라도 나는 과학 세상에 첫 발을 들여놓을 것이라고는 전혀 기대하지 못했다. 첫 만남 이후로 나는 여러 차례 그의 연구실을 찾았고, 애벌레 뉴런으로 실험하고 있던 과학자들과 많은 이야기를 나눴다. 나는 최근에 그 무렵 조쉬 세인스가 잭슨 연구소(Jackson Laboratories)에 보낸 편지를 보았다. 그 때 그의 편지에는 이렇게 적혀 있었다.

"내역을 살펴보시면 몇 달 전 로비가 연구실에 실험용 쥐 네 마리를 주문했다는 사실을 확인하실 수 있을 겁니다. 로비는 이를 위해 한 달간 쫄쫄 굶었죠. 사실 지금도 졸업 파티에 갈 것인지, 아니면 계란을 좀 더 구입할 것인지 망설이고 있답니다."

결국 나의 선택은 졸업 파티였지만, 이후로 의식과 지각을 다루는 '지각운동 시스템'에 많은 관심을 갖게 되었다. 그리고 몇 년 후에는 다시 하버드로 돌아가 저명한 심리학자 B. F. 스키너(B.F. Skinner) 박사와 공동 연구를 추진했다.

어쨌든 나는 과학 박람회에 닭 유전자 프로젝트로 참여해서 상을 받았고, 교장 선생님은 전교생이 지켜보는 가운데 어머니에게 축하의 인사를 건넸다.

미국의 두 위대한 초월주의자 랄프 왈도 에머슨과 헨리 데이비드 소로(Henry David Thoreau)처럼 나는 생명으로 가득한 매사추세츠의 숲 속을 탐험하며 어린 시절을 보냈다. 그리고 모든 생명체에게 '저마다의 우주'가 있다는 사실을 배웠다. 나는 수많은 관찰을 통해 모든 생명체가 고유한 존재 영역에서 살고 있으며, 인간의 인식 역시 고유하지만 특별한 것은 아니라는 사실을 이해하게 되었다.

어릴 적 잘 가꾸어진 뒷마당을 빠져나와 야생 식물이 무성한 숲으로 탐험을 떠났던 기억이 떠오른다. 지금 세계 인구는 그때보다 두 배 가까이 늘었지만, 익숙한 세상이 끝나고 거칠고 무서운 야생의 세계가 시작되는 경계를 넘어 탐험을 떠나는 아이들은 더 줄었다. 덤불을 뚫고 야생의 세상으로 나아갔던 어느 날, 나는 울퉁불퉁하고 덩굴로 뒤덮인 오래된 사과나무 한 그루를 발견했다. 그리고 그 아래에서 비밀의 공간을 발견하고는 몸을 비집고 들어갔다. 한편으로 아무도 모르는 장소를 내가 처음 발견했다는 뿌듯함이 들었다. 그러나 다른 한편으로 내가 발견하기 전에도 그 비밀의 공간이 존재했던 것인지 의문이 들었다. 가톨릭 집안에서 자란 나는 어릴 적부터 하느님이 이 땅을 내려다보고 있다고 믿었다. 의대생 시절에 내가 현미경으로 물방울 속에서 살고 번식하는 미생물을 관찰했던 것처럼 그렇게 자세히 나를 들여다보고 있다고 믿었다.

나는 어릴 적부터 인류의 역사만큼 오래된 여러 가지 질문에 호기심을 느꼈다. 주로 이런 것이었다. 신이 세상을 창조했다면 신은 누가 창조했을까? DNA의 현미경 사진 또는 거품상자(bubble chamber, 방사선 궤적을 관측하기 위한 원자핵 실험 장치_옮긴이) 안에서 고에너지 입자의 충돌로 탄생하는 물질과 반물질의 궤적을 살펴보기 오래전부터, 나는 이러한 문제를 진지하게 고민했다. 특히 아무도 발견하지 못한 상태에서도 비밀의 공간이 존재했다는 사실이 직관적으로, 그리고 이성적으로 납득이 되질 않았다.

앞서 넌지시 언급했듯이 우리 집안 분위기는 화가 노먼 록웰(Norman Rockwell, 20세기의 변화하는 미국 사회와 미국인의 일상을 그린 화가이자 삽화가_옮긴이)의 그림과는 거리가 멀었다. 우리 아버지는 카드 게임으로 생계를 이어나갔던 프로 도박사였다. 세 누이 중에서 고등학교를 마친 사람은 하나도 없었다. 누이들과 함께 아버지의 폭력을 피해 도망 다니는 동안 앞으로의 삶이 평탄치 않을 것임을 예감했다. 부모님은 밥을 먹거나 잠을 자는 시간 외에 내가 집 안에서 어슬렁거리는 걸 허락하지 않았기에 나는 언제나 집밖을 돌아다녔다. 심심할 때면 냇물과 동물의 발자국을 따라 숲 속으로 짧은 여행을 떠났다. 늪과 계곡도 많았지만 위험할 정도로 깊지는 않았다. 나는 아무도 발견하지 못했을 그런 장소를 찾아다녔다. 실제로 그러한 장소는 다른 사람들에게 존재하지 않는 그런 곳이었다. 그러나 그러한 장소는 분명히 존재했다. 대도시에 수많은 인구가 살고 있듯이, 그곳에는 뱀과 사향쥐, 라쿤, 거북이, 새 등 수많은 생명체들이 삶을 살아가고 있었다.

나는 이러한 탐험을 통해 자연을 이해했다. 통나무를 굴리다가 도롱뇽을 만나기도 했고, 나무에 올라가 새 둥지와 구멍을 관찰하기도 했다. 그리고 생명의 본질에 대한 실존적인 고민을 시작하면서, 학교에서 배웠던 정적이고 객관적인 세상에 무엇인가 잘못이 있다는 점을 직관적으로 느꼈다. 내가 마주쳤던 동물들 모두 세상에 대한 고유한 지각, 즉 그들 자신의 현실 속에서 살아가고 있었다. 동물의 세상은 주차장과 쇼핑몰로 가득한 인간의 세상과는 달랐지만 그것 못지않게 생생했다. 그들의 세상 속에서는 과연 무슨 일이 벌어지고 있는 것일까?

한번은 옹이와 썩어가는 가지로 무성한 오래된 나무를 만나게 되었다. 나무의 몸통에는 커다란 구멍이 뚫려 있었다. 그걸 본 순간 콩나무의 잭이 되고픈 유혹을 떨쳐버릴 수 없었다. 나는 조용히 양말을 벗어 손에다 끼고는 구멍 안을 더듬어봤다. 부리와 발톱 같은 것이 양말을 뚫고 느껴졌을 때, 요란한 날갯짓이 시작됐다. 급히 손을 빼고 구멍을 들여다보니 귀가 솟은 작은 가면올빼미가 나를 빤히 쳐다보고 있었다. 이 작은 세상에 또 다른 생명체가 살고 있었던 것이다. 나는 잠시나마 그 공간을 올빼미와 함께했다. 그리고 그 자그마한 새를 두고 집으로 돌아왔을 때, 나는 이미 다른 아이가 되어 있었다. 우리집과 우리 동네는 이제 의식을 지닌 인간들이 살아가는 우주의 한 부분이 되었다. 그리고 나의 세상과 똑같으면서도 저마다 달라보였다.

아홉 살 무렵에 나는 말로 설명할 수 없는, 그리고 이해하기 힘든 생명의 본질에 매료됐다. 생명에는 내가 알지 못하는 근원적인 무언가가, 어렴풋이 느껴지는 어떤 힘이 존재한다는 사실이 점차 분명하게 다가왔다. 물론 그때는 그게 무엇인지 알지 못했다. 그 즈음에 나는 바바라 아줌마네 옆에서 굴을 파고 살았던 설치류 일종인 우드척을 잡으려고 안달이 나 있었다. 바바라 아줌마의 남편인 유진 오도넬 아저씨는 뉴잉글랜드 지역에 마지막으로 남은 대장장이였다. 어느 날 오도넬 아저씨의 대장간을 지나는데 굴뚝 뚜껑에서 끽끽 소리가 들렸다. 아저씨는 총을 들고 부리나케 달려나왔고 나를 흘낏 보더니 그대로 쏘았다. 그러자 갑자기 굴뚝에서 소리가 멈췄다. 나는 속으로 이렇게 외쳤다.

'이렇게 허무하게 잡혀서는 안 돼!'

우드척의 굴은 대장간 아주 가까이에 있어 다가가기 쉽지 않았다. 아저씨의 대장간에서는 공기를 불어넣는 풀무 기계 돌아가는 소리가 항상 들렸다. 나는 기다란 잔디밭을 따라 굴을 향해 살금살금 걸어갔다. 메뚜기와 나비가 놀라서 달아났다. 그리고 땅에다 구멍을 파고는 며칠 전 철물점에서 샀던 쇠 덫을 놓았다. 그리고 다시 흙을 덮어 감추고는 주변에 방해가 될 만한 돌멩이나 식물 뿌리가 없는지 확인했다. 마지막으로 돌멩이를 들고 말뚝을 박았다. 그러나 그건 중대한 실수였다. 말뚝 박는 일에 열중한 나머지 누군가 다가오고 있다는 걸 눈치채지 못했다. 갑자기 소리가 났을 때 나는 소스라치게 놀라고 말았다.

"뭘 하고 있는 거냐?"

내 앞에 오도넬 아저씨가 서 있었다. 그는 미심쩍은 눈빛으로 조심스럽게 땅을 살폈고, 결국 덫을 발견했다. 그 옆에서 나는 울음이 터지려는 걸 간신히 참고 있었다.

"꼬마야, 덫을 들고 따라와라."

나는 무서운 오도넬 아저씨의 말을 따를 수밖에 없었다. 아저씨의 뒤를 따라 대장간 안으로 들어가니 수많은 도구와 온갖 형태의 종들이 천장에 매달려 있는 낯선 풍경이 펼쳐졌다. 가운데로 들어서니 벽에 달려 있는 망치가 보였다. 오도넬 아저씨는 덫을 석탄 속으로 던져 넣더니 풀무질을 시작했다. 그러자 밑에서 작은 불꽃이 일었고 점점 더 뜨거워지다가 갑자기 큰 불길이 치솟았다.

"이런 것 때문에 강아지나 아이들이 다친다니까!"

아저씨는 기다란 포크로 석탄을 뒤적이며 이렇게 말했다. 그리고 덫이 빨갛게 달아오르자 아저씨는 그걸 꺼내어 망치로 두드려 사각형으로 만들었다.

뜨거운 쇠가 식는 동안 아저씨는 아무런 말이 없었고, 나는 종과 풍향계를 비롯해 철로 만든 모든 물건을 넋을 놓고 바라봤다. 선반 위에는 로마 군인의 가면이 위풍당당한 자태로 놓여 있었다. 오도넬 아저씨는 내 어깨를 두드리고는 몇 가지 잠자리 스케치를 보여줬다.

그러고는 이렇게 말했다.

"이렇게 하자꾸나. 잠자리를 한 마리 잡아오면 15센트를 주마."

나는 좋다고 답했다. 대장간을 나설 때는 너무도 신이 나서 우드척과 덫은 까마득히 잊어버렸다.

다음날 아침에 눈을 뜨자마자 마멀레이드 유리병과 잠자리채를 들고 밖으로 나갔다. 많은 벌레들이 날아다녔고 꽃 주위로 벌과 나비가 있었다. 하지만 정작 잠자리는 보이지 않았다. 결국 습지 맨 끝에서 솜털로 뒤덮인 길쭉한 부들개지 위를 맴도는 커다란 잠자리 한 마리를 발견할 수 있었다. 그리고 잠자리를 잡자마자 나는 불과 얼마 전만하더라도 두려움과 신비로 둘러싸인 오도넬 아저씨의 무시무시한 대장간으로 한걸음에 달려갔다.

오도넬 아저씨는 불빛 아래서 돋보기를 꺼내 들고는 유리병에 담긴 잠자리를 이리저리 살펴보더니 벽에 걸려있던 쇠막대 몇 개를 꺼냈다. 그러고 나서 망치질 몇 번으로 멋진 잠자리 모형을 뚝딱 만들어냈다. 비록 쇠로 만든 모형이었지만 나는 실제 잠자리에 못지않은 우아함을 느낄 수 있었다. 그 순간 나는 잠자리의 눈에 비친 세상은 과연 어떤 모습일지 궁금한 생각이 들었다.

나는 지금도 그때가 생생하게 떠오른다. 오도넬 아저씨는 오래전에 돌아가셨지만, 아저씨의 대장간에는 쇠로 만든 작은 잠자리가 먼지를 뽀얗게 뒤집어 쓴 채 그대로 남아 있다. 그 잠자리를 떠올릴 때면 생명체 속에는 우리가 익히 알고 있는 형태나 색깔보다 더 많은 것이 들어 있다고 생각하게 된다.

우주는 어디에 있을까?

나는 생각한다. 고로 존재한다.

_데카르트

지금부터는 생물중심주의에 대한 이해를 돕기 위해 우주와 시간 그리고 양자 이론에 관한 이야기를 해보려한다. 가장 먼저 우리는 근본적인 물음에 답해보고자 한다. 우주는 어디에 있는가? 이에 관한 논의를 시작하기 위해 먼저 기존 사고방식과 보편적인 가정으로부터 벗어나야 한다. 그러한 사고방식과 가정은 우리가 사용하는 언어 속에서 잠재돼 있다.

우리는 어릴 적부터 세상이 두 부분으로 구분돼 있다고 배웠다. 하나는 나 자신 그리고 다른 하나는 외부 세상이다. 우리는 이러한 설명을 당연하게 받아들였다. 여기서 '나 자신'이란 자기 마음대로 통제가 가능한 영역을 말한다. 가령 내 손가락은 내 자신의 일부다. 반면 다른 사람의 발가락은 아니다. 그러나 이와 같은 이분법은 거대한 속임수의 출발점이다. 우리가 생각하기에 나와 외부 세상을 구분하는 뚜렷한 경계는 피부다. 다시 말해 내 자신이란 피부를 포함해 그 내부에 존재하는 육체를 의미하며 그 밖의 모든 것은 외부 세상이라는 뜻이다.

불행한 사고로 손을 잃은 경우처럼 사람들은 신체 일부를 잃어도 그대로 '존재한다'고 느끼며, 주관적인 차원에서는 자신의 존재가 줄어들었다고 생각하지 않는다. 적어도 두뇌를 잃어버리기 전까지 '나'라는 의식은 그대로 유지된다. 심장을 비롯해 다양한 장기를 이식했다고 하더라도 두뇌만 그대로라면 누군가 자신의 이름을 부를 때 큰 목소리로 대답할 것이다.

근대 철학의 아버지라 불리는 데카르트는 의식을 가장 중요한 요소로 꼽았다. 그는 모든 지식과 원칙은 의식과 자아로부터 시작된다고 말했다. 이러한 관점에서 그는 그 유명한 명제 "나는 생각한다. 고로 존재한다"에 이르렀다. 이러한 철학적 논의는 데카르트와 칸트를 넘어 라이프니츠, 버클리, 쇼펜하우어, 베르그송 등 위대한 철학자들을 통해 이어졌다. 그래도 데카르트와 칸트야말로 서양 근대철학 역사의 정점에 서 있는 대표적인 인물이라 하겠다. 그들의 눈으로 볼 때, '자아'란 모든 것의 출발점이다.

이후로 많은 이들이 자아의 개념에 대해 글을 썼고, 불교의 세 가지 종파와 도교 그리고 힌두교 정통 학파인 아드바이타 베단타(Advaita Vedànta) 같은 많은 종교는 거대한 우주로부터 분리된 "개별적이고 독립적인 자아는 허상이다"라고 주장했다. 여기서는 다만 내적 성찰을 통해 데카르트가 언급했던 생각 그 자체는 일반적으로 '나'라는 느낌과 동의어라는 결론에 이르게 된다는 점만 언급하고 넘어가도록 하자.

사고가 멈추는 순간, 우리는 동전의 뒷면을 만나게 된다. 우리는 아기나 반려동물 또는 자연 속 풍광을 바라볼 때, 또는 '자아로부터 벗어나' 자신의 본질을 주시할 때 말로는 설명하기 힘든 행복감을 느낀다. 〈뉴욕타임스〉는 1976년 1월 26일자 기사에서 이러한 경험에 관한 설문조사 결과를 실었다. 조사 결과 응답자 중 25퍼센트 이상이 "합일에 이르는 느낌" 또는 "만물이 생동하는 느낌"을 경험한 적이 있다고 답했다. 그리고 총 600명의 응답자들 중 40퍼센트는 이러한 느낌을 "사랑이 세상의 중심이라는 믿음"이라고 설명했고, 또한 "깊고 평화로운 느낌"으로 이어지게 된다고 보고했다.

멋진 이야기다. 그러나 설문에 참여하지 않았던 대다수의 사람들, 그리고 밖에서 파티장을 들여다보고 있었던 사람들은 아마도 냉담한 표정을 지으며 소망이나 환영에 따른 착각이었다고 생각했을 것이다. 설문조사는 과학적인 것처럼 보이지만, 사실 그 결론은 우리에게 아무런 특별한 메시지를 전하지 못한다. 자아라는 존재를 이해하기 위해서는 보다 근본적인 접근방식이 필요하다.

우리는 생각이 먼 여행을 떠날 때 무슨 일이 벌어지는지 안다. 언어적 사고과정이 사라진 몽상의 상태는 의식을 잃은 것과는 다르다. 그 순간 우리는 불안하고 날카로운 언어의 감옥에서 벗어나 새로운 무대로 올라선 느낌을 받는다. 그곳의 조명은 더욱 환하게 빛나고 주변은 활기로 가득하다. 그 무대는 어디에 있을까? 환희의 순간은 어떻게 만나게 되는 것일까?

우리는 이 이야기를 주변의 일상적인 사물을 가지고 시작할 수 있다. 가령 여러분이 지금 읽고 있는 이 책으로도 가능하다. 우리의 언어와 관습은 주변의 모든 "사물이 외부 세상에 있다"고 말한다. 그러나 앞서 우리는 "의식과의 상호작용 없이는 어떤 것도 존재의 영역으로 들어올 수 없다"는 주장을 다뤄봤다. 그리고 생물중심주의 첫 번째 원칙으로서 "자연 또는 외부 세상이 우리의 의식과 긴밀하게 얽혀 있다"는 점을 살펴봤다. 하나는 다른 하나 없이 존재하지 못한다. 우리가 달을 보지 않을 때 달은 사라진다. 주관적인 관점에서 이는 명백한 사실이다. 비록 달은 내 자신과 무관하게 지구 주위를 돌고, 내가 아닌 다른 이들이 달을 바라보고 있다고 생각하더라도 그것은 사고과정의 산물에 불과하다. 중요한 사실은 인식 주체가 없을 때, 달은 어떤 의미로도 그리고 어떤 형태로도 존재하지 않는다는 것이다.

그렇다면 외부 세상을 관찰할 때 우리가 보는 것은 무엇인가? 이미지 위치와 신경 시스템의 차원에서 보면 그 대답은 생물중심주의 한 가지 측면을 뚜렷하게 드러낸다. 나무나 풀 또는 여러분이 읽고 있는 이 책을 포함해 인식의 대상의 되는 모든 사물은 가상이 아니라 실재이기 때문에 물리적으로 '특정한 위치'에 존재해야 한다. 이와 관련해 인체 생리학 교과서는 자세한 설명을 들려준다. 우리의 눈과 망막은 전자기적 에너지를 지닌 광자를 받아들이고 그 신호는 강력하게 연결된 신경망을 통해 후두부 영역으로 전송된다. 그리고 '그곳에서 이미지에 대한 실질적인 지각'이 이뤄진다. 후두부는 방대하고 복잡하게 얽힌 특별한 두뇌 영역으로 은하수의 별들만큼 많은 뉴런이 자리 잡고 있다. 인체 생리학 교과서가 들려주는 이러한 설명에 따르면 색상과 모양과 움직임이 일어나는 곳은 바로 두뇌의 후두부 영역이다. 그곳을 통해 우리는 사물을 지각하고 인식한다.

하지만 스스로 빛을 발하고 에너지로 넘치는 두뇌의 시각 영역에 직접 접근하려 한다면 우리는 혼란을 느낀다. 두개골 뒷부분을 아무리 두드려봐도 비어 있다는 것 외에 별다른 느낌이 없다. 물론 그러한 시도는 불필요한 노력이다. 우리는 무엇인가를 볼 때 이미 두뇌의 시각 영역에 접근하고 있기 때문이다. 자, 주변을 한번 둘러보자. 습관적으로 우리는 자신이 보고 있는 것이 "저기에 있다"고 말한다. 즉 자신의 "외부 어딘가에 있다"고 말한다. 이러한 표현에는 문제가 없을뿐더러 언어와 실용의 관점에서 필수적이다. 가령 우리는 말한다. "저기 버터 좀 집어 주실래요?" 하지만 혼동하지는 말자. 버터 또는 엄격하게 말해서 버터의 시각적 이미지는 우리 두뇌 안에 존재한다. 거기에 바로 버터의 이미지가 위치해 있다. 우리 두뇌는 그 영역을 통해 시각적 이미지를 지각하고 인식한다.

그렇다면 세상은 두 개로 쪼개져 있는가? 하나는 "저기 외부에 존재하는" 세상이고, 다른 하나는 두개골 "내부에 존재하는 인식된" 세상이다. 그러나 이와 같은 '두 가지 세상' 모형은 미신에 불과하다. 우리가 보는 것은 오로지 인식된 세상뿐이다. 그리고 그러한 인식 외부에는 아무것도 존재하지 않는다. 오로지 하나의 시각적 현실만이 존재한다. 바로 우리 두뇌 속에 말이다.

이러한 관점에서 "외부 세상"은 두뇌 또는 마음속에 있다. 이러한 주장은 인간 두뇌를 연구하는 전문가에게는 당연한 소리지만 대부분의 사람들에겐 충격적인 이야기다. 그러나 이러한 개념을 충분히 이해했다면 다음과 같은 질문에도 쉽게 답할 수 있다.

"태어날 때부터 눈이 보이지 않은 사람의 경우는?"

"촉각은 어떤가? 사물이 외부에 존재하지 않는다면 어떻게 감촉을 느낄 수 있단 말인가?"

시각은 현실을 바꾸지 않는다. 촉각 역시 마찬가지로 우리의 의식이나 마음속에서만 일어나는 현상이다. 버터는 그 어떤 차원에서도 외부 세상에 존재하지 않는다. 그럼에도 우리가 이러한 생각에 혼란을 느끼는 이유와 명백한 진실을 똑바로 바라보지 못하는 이유는 우리가 지금껏 간직하고 살아온 세계관이 모래성처럼 허물어지기 때문이다.

우리가 마주하는 것이 오로지 자신의 의식이라면, 우리의 의식은 우리가 인식하는 모든 공간을 따라 확장하게 된다(사물의 본질과 실존에 관한 논의를 하자면 따로 한 장을 마련해야 할 것이다). 우리가 경험하는 유일한 세상이 자신의 의식이라면, 우리는 과학의 초점을 차갑고 기계적이고 외적인 우주로부터 하나의 의식이 다른 의식과 맺는 관계로 전환해야 할 것이다. 그러나 여기서는 의식의 본질에 대한 논의는 잠시 접어두자. 다만 모든 것에 선행하는 의식이라는 존재는 증명이 힘들거나 불가능할 뿐만이 아니라, 기존의 이원론과는 근본적으로 양립 불가능하다는 점만 언급하고 넘어가도록 하자. 의식의 이러한 측면은 오로지 논리에만 의존해서 나아가는 우리의 접근방식에 중대한 부담을 안긴다.

그런데 그 이유는 뭘까? 언어는 오로지 상징을 통해서, 그리고 형식의 틀에서 기능하도록 설계됐기 때문이다. 가령 '물'이라는 단어는 실제의 물이 아니다. 그리고 "It is raining"에서 대명사 'It'은 아무런 의미가 없는 형식적 요소에 불과하다. 언어의 한계와 특성에 익숙해져 있다고 하더라도 그리고 생물중심주의가 기존의 관습적 언어 체계와 양립 불가능한 것처럼 보인다고 하더라도 생물중심주의(또는 우주를 전체로서 이해하려는 모든 접근방식)의 주장을 쉽게 포기해서는 안 된다. 이 점에 대해서는 나중에 자세히 살펴보자. 여기서 우리가 할 일은 기존의 관습적인 사고방식을 객관적으로 살펴보고, 생각이라는 도구를 뛰어넘어 보다 명백하면서도 더 많은 노력이 필요한 관점으로 세상을 바라보는 것이다.

예를 들어 상징의 세상에서는 모든 것이 순간 등장했다가 홀연히 사라진다. 거대한 산도 마찬가지다. 반면 양자 이론에서 말하는 서로 '얽혀 있는 입자'처럼 우리의 의식은 시간을 벗어나 존재한다.

어떤 이들은 자기 자신과 객관적인 외부 세상을 구분하기 위해 '통제'라는 기준을 활용한다. 하지만 통제야말로 널리 오해받는 개념 중 하나다. 우리는 구름이 일고 행성이 자전을 하고 뱃속의 간이 다양한 효소를 만들어내는 일은 '자동적으로' 이뤄지지만, 우리의 팔다리는 외부 세상과 달리 고유한 자기 통제력에 따라 의식적으로 움직인다고 믿는다. 그러나 최근 실험 결과는 뉴런의 자극이 시속 390킬로미터 속도로 이동하는 두뇌의 전기화학적 연결망 덕분에 의사결정이 우리의 인식보다 훨씬 더 빨리 이뤄진다는 사실을 보여줬다. 다시 말해, 우리의 두뇌와 마음 역시 생각이라고 하는 의식적 간섭 없이 자동적으로 움직인다는 것이다. 실제로 우리가 하는 생각 또한 스스로 일어나는 자율적 과정이다. 그렇다고 한다면, 통제는 환상에 불과하다. 아인슈타인은 이에 대해 이렇게 말했다.

"우리는 스스로 행동할 수 있지만, 스스로 의지할 수는 없다."

두뇌의 이러한 측면과 관련해 가장 많이 인용되는 실험은 이미 25년 전에 이뤄졌다. 신경과학자 벤저민 리벳(Benjamin Libet)은 피실험자들의 두뇌를 뇌파계[electroencephalograph, EEG. 두뇌의 '준비전위(readiness potential)'를 확인하기 위한 장비]에 연결해놓고 무작위 시점에 손가락을 움직이도록 했다. 일반적으로 두뇌의 전기 신호는 신체적 움직임보다 먼저 나타난다. 그러나 이 실험에서 리벳은 전기 신호가 손가락을 움직이겠다는 주관적 '느낌'보다도 먼저 나타나는지 확인해

보고자 했다. 간단하게 말해서, 주관적인 '자아'가 의식적으로 의사결정을 내리고 나서 두뇌의 전기 자극이 활성화되고, 최종적으로 신체적 움직임이 일어나는 것일까? 아니면 이와는 다른 순서로 진행되는 것일까? 이 질문에 대답하기 위해 리벳은 피실험자들에게 손가락을 움직이겠다는 의지를 처음으로 느꼈을 때의 정확한 시점을 기록하도록 했다.

리벳의 실험은 일관적인 결과를 보여줬다. 물론 이는 리벳이 예상했던 바였다. '무의식적인' 그리고 '인식되지 않은' 두뇌의 전기 신호가 피실험자가 손가락을 움직이겠다고 의식적으로 의사결정을 내리기 0.5초 전에 나타났던 것이다. 이후 두뇌의 고차원적 기능을 분석했던 2008년 연구에서 리벳 연구팀은 피실험자가 어느 쪽 손을 들어올릴 것인지 '10초 앞서' 예측할 수 있다는 사실을 보여줬다. 인지적 의사결정 과정에서 10초는 영원과도 같은 시간이다. 연구팀은 피실험자가 스스로 의사결정을 내렸다고 인식하기 한참 전에 두뇌 스캔을 통해서 그 내용을 확인할 수 있었다.

리벳 연구팀의 연구를 비롯한 여러 다양한 실험 결과는 두뇌가 먼저 무의식적인 차원에서 자율적으로 의사결정을 내리고 그 이후에 우리가 '스스로' 의식적인 의사결정 과정을 내렸다고 인식하게 된다는 사실을 말해준다. 그럼에도 우리는 심장이나 신장의 축복받은 자동기능과는 달리, 두뇌 활동은 '나 자신'이 의식적으로 통제한다고 믿는다. 리벳은 자유의지에 대한 이러한 착각은 두뇌에서 일어나는 연속적인 사건들을 습관적으로 회고적인 관점에서 바라보기 때문이라고 결론을 내렸다.

그렇다면 이러한 사실은 무엇을 의미하는 것일까?

첫째, 우리는 종종 죄책감을 자극하는 후천적인 자기 통제력이나 혼란스런 상황을 수습하려는 강박적인 집착에서 벗어나 자신의 삶이 전개되는 과정을 느긋하게 즐길 수 있는 자유로운 존재라는 뜻이다. 그렇다면 이제 얼마든지 긴장을 풀어도 좋을 것이다. 우리는 어떤 방식으로든 자동적으로 움직일 테니까.

둘째, 이 책과 이 장의 주제와 더욱 밀접한 것으로 두뇌에 관한 오늘날의 연구 결과는 '외부에' 존재하는 것처럼 보이는 현실이 사실은 우리의 마음속에서 일어나는 현상이라는 이야기를 들려준다. 시각적·촉각적 경험은 자신과 멀리 떨어져 있다고 생각하는 외부의 독립된 세상이 아니라 우리의 마음속에서 이뤄진다. 우리가 보는 모든 것은 자신의 마음속에 있다. 다시 말해 외부 세상과 내부 자아를 구분하는 경계란 존재하지 않는다. 대신에 우리의 인식은 경험적 자아와 우주에 편재하는 에너지장이 만난 결과물이다. 하지만 여기서는 이처럼 기이한 표현 대신에 의식(awareness 또는 consciousness)이라는 용어로 부를 것이다. 이러한 생각을 염두에 두고, 다음 장부터는 왜 '모든 것의 이론'이 생물중심주의를 포함해야 하는지 그리고 그렇지 않을 경우 막다른 골목에서 벗어날 수 없다는 사실을 살펴볼 것이다.

이제 지금까지의 논의를 정리해보자.

생물중심주의 제1원칙 ▼

우리가 생각하는 현실은 의식을 수반하는 과정이다.

생물중심주의 제2원칙 ▼

내적 지각과 외부 세상은 서로 얽혀 있다. 둘은 동전의 앞뒷면과 같아서 따로 구분할 수 없다.

시간의 흔적들

우리는 조심해야 한다.

주사위는 좋은 숫자와 함께 나쁜 숫자도 나오기 때문이다.

_로버트 란자

시간은 시계 초침의 움직임 속에 존재하지 않는다. 시간은 삶의 언어다. 그렇기 때문에 우리는 삶의 경험 속에서 시간의 존재를 가장 뚜렷하게 느낄 수 있다.

우리 아버지는 항상 누나를 무시했고, 종종 때리기도 했다. 구식 이탈리아 사람인 아버지는 교육에 대한 생각도 구식이었다. 그래서 사실은 오래전 이야기를 떠올리는 것도 유쾌한 일은 아니다. 어릴 적 내가 느꼈던 모욕은 너무나 끔찍했기에(한 번의 사건이 아니라) 40년 세월이 흐른 지금도 마치 어제 일처럼 뚜렷하게 기억난다.

나는 누나인 베벌리("버블즈"라는 별명으로 불렸던)를 각별히 좋아했다. 누나는 아버지로부터 나를 보호하는 것이 자신의 의무라고 느꼈던 것 같다. 어릴 적 누나와의 추억을 돌이켜보면 지금도 가슴이 아프다.

발가락이 얼어붙을 정도로 추웠던 뉴잉글랜드 시절의 어느 날이었다. 나는 여느 날처럼 장갑을 끼고 도시락 가방을 든 채 스쿨버스 정류장에 서 있었다. 그런데 한 상급생이 갑자기 나를 밀쳤고 나는 그만 바닥에 주저앉고 말았다. 정확하게 무슨 일이 있었던지 기억나진 않지만 어떤 시비 거리가 있었던 것 같다. 나는 바닥에 쓰러진 채 그에게 괴롭히지 말라며 애원했다.

그렇게 꽁꽁 언 길바닥에 쓰러져 버둥거리고 있을 때 저기 멀리서 누나가 달려왔다. 누나가 째려보자 상급생의 얼굴에는 불안감이 스쳐 지나갔다. 누나는 그에게 이렇게 말했다.

"한 번만 더 내 동생 건드렸다가는 주먹맛을 보게 될 거야."

나는 그런 누나가 고마웠다. 누나는 언제나 나를 좋아해줬다. 어릴 적 누나와의 첫 번째 기억은 병원놀이다. 누나는 내게 말했다.

"병에 걸렸구나."

그러고는 컵에다 모래를 담아 건네면서 이렇게 말했다.

"약을 먹으면 나을 거야."

그러나 내가 실제로 모래를 마시려고 하자 누나는 소리를 질렀다.

"안 돼!"

누나는 자신이 모래를 마신 듯 놀란 표정을 지었다(나는 모래가 가짜

약이고 먹으면 안 된다는 사실을 한참 후에야 알았지만, 어린 내게 모래는 실제 약처럼 보였다).

지금도 믿기 어렵지만, 커서 의사가 된 쪽은 누나가 아니라 나였다. 내 기억 속의 누나는 똑똑했고 모범생이 되기 위해 노력했다. 선생님들 모두 누나를 좋아했다. 하지만 그것만으로는 충분치 않았다. 누나는 고등학교를 그만뒀고, 이후 약물의 수렁으로 빠져들고 말았다. 나는 누나가 그렇게 된 것이 우리집 가정형편 때문이라고 생각했다. 누나의 상태는 좀처럼 나아지지 않았고 사건은 끊이질 않았다. 아버지에게 맞았고, 가출했고, 돌아와서 다시 맞았다.

한 번은 누나가 현관 뒤에 숨어 어찌할 바를 몰라 하던 모습이 생생하게 떠오른다. 그리고 누나의 얼굴에서 느꼈던 공포를 잊을 수 없다. 위층에선 아버지의 성난 목소리가 들렸다. 그때 누나는 울고 있었다. 그러나 이상하게도 누구도 누나를 위해 나서지 않았다. 학교도, 경찰도, 법원이 임명한 사회복지사도 도움이 되지 못했다.

정확한 상황은 잘 기억나지 않지만, 누나가 또 한 번 집을 나갔을 때 나는 누나가 임신 중이었다는 사실을 알게 되었다. 헐렁한 옷을 입은 누나의 뱃속에서 아기가 움직이는 걸 느낄 수 있었다. 이후 누나는 결혼식을 올렸지만 친척들 모두 참석하지 않겠다고 했다. 나는 누나의 손을 잡고 이렇게 다독였다.

"괜찮아! 신경 쓰지 마."

우리에게 "리틀 버블스"의 탄생은 사막에서 생명의 오아시스를 만난 축복의 순간이었다. 가족들도 누나를 보기 위해 병원을 찾았다. 어머니와 누이들 그리고 아버지도 왔다. 심성이 너무도 착한 누나는 모두 모인 가족들을 보고 깜짝 놀랐다. 누나는 더없이 행복한 표정이었고 내가 침상에 걸터앉았을 때 아기의 대부가 되어달라고 부탁했다.

그러나 행복의 순간은 길지 않았다. 누나의 기쁨은 아스팔트를 뚫고 솟아난 야생화처럼 위태로웠다. 누나는 그 짧은 행복을 누리기 위해 이후로 많은 대가를 치렀다. 누나의 병은 재발했고 리튬 치료는 더 이상 소용이 없었다. 내 우려는 현실이 되었다. 누나의 의식 상태는 점차 악화됐다. 말이 어눌해졌고 거동도 불편해졌다. 증상을 억제하기 위해 누나는 엄청나게 많은 약을 먹었다. 그러나 안타깝게도 아기를 곁에 둘 수 없었다. 내 기억 속에는 아무런 희망 없이 약으로 버티던 누나의 모습이 남아 있다. 내가 병원을 떠나던 그날, 누나에 대한 기억은 눈물로 얼룩지고 말았다.

잠시 고통이 잦아들 때면 누나는 어린 시절 우리집이 세상에서 가장 행복한 곳이었다는 말을 했다. 그리고 그곳에 있던 시원한 사과나무 그늘을 떠올렸다. 그 나무는 우리 이웃인 바바라 아줌마의 아버지가 50년 전에 심은 것이었다. 그런데 부모님이 옛날 집을 팔고 한참이 지나서 새 집주인이 누나가 길가에 쭈그리고 앉아 있는 것을 보았다는 이야기를 들려줬다. 누나는 정신이 혼미한 상태에서 꽃향기를 실은 봄바람에 이끌려 활짝 열린 침실 창문을 넘고 들장미가 담벼락을 수놓았던 옛날 집을 찾았던 것이다.

새 집주인이 누나에게 말했다.

"괜찮으세요?"

"네. 그런데 엄마는 집에 있어요?"

"당신 어머니는 더 이상 여기에 살지 않아요."

"왜 거짓말을 하세요?"

그렇게 실랑이는 한동안 이어졌고, 새 집주인은 결국 경찰을 불렀다. 경찰은 어머니에게 연락해서 누나를 데려가라고, 그리고 병원에서 치료를 받게 하라고 당부했다.

그 모든 사건에도 불구하고 누나는 여전히 예뻤다. 누나가 지나갈 때면 동네 청년들은 종종 휘파람을 불어댔다. 그러나 길을 잃었던 것인지 누나가 며칠 동안 집에 들어오지 않는 일이 종종 있었다. 한번은 공원에서 잠이든 채 발견되기도 했다. 그때 누나의 표정은 고통으로 일그러졌고 머리는 산발에다 옷은 찢겨져 있었다. 정확한 이유는 아무도 알지 못했다. 처음으로 그런 일이 있고 1~2년이 흘러 누나는 임신을 했다. 나는 누군가 누나에게 해서는 안 될 짓을 했다고 생각했다. 아기를 안고서 잔뜩 겁에 질린 표정으로 아무 말 없이 나를 바라보던 누나의 표정이 지금도 생생하다. 아기의 머리칼은 가을 단풍처럼 붉었다. 너무나 귀여웠지만 우리 가족과 닮은 구석을 찾을 수는 없었다.

누나가 옛날 집에 대한 기억을 잃어버렸을 때, 내가 기뻐했었는지 아니면 슬퍼했었는지 기억나지는 않는다. 어느 날 밤 누나는 인근 공원에서 벌거벗은 채로 돌아다니다가 경비원에게 발견됐다. 그는 아버지가 사는 아파트로 누나를 데려다줬다.

“란자 씨, 따님 맞으시죠?”

그때 아버지는 누나를 안으로 들여 따뜻한 커피와 함께 필요한 것들을 챙겨줬다. 만약 아버지가 40년 전에 그러한 애정으로 누나를 보살펴줬더라면 누나의 인생은 그렇게 되지 않았을 것이다.

누나와의 추억은 정신 질환과 망상, 슬픔 그리고 기쁨의 순간을 함께 하는 많은 가족들의 흔한 이야기다. 인생의 황혼기가 성큼 다가올 무렵, 우리는 사랑하는 사람을 떠올리며 꿈결 같은 비현실적인 감상에 젖어든다. 특히 오래전 세상을 떠난 가족과의 추억이 떠오를 때, 우리는 이렇게 묻는다.

“정말로 그런 때가 있었을까?”

그러고 나서 젊음과 늙음, 꿈과 각성, 좌절과 환희의 순간이 오랜 무성영화 프레임처럼 깜빡거리는 거울의 방에서 백일몽을 꾸고 있는 것 같은 착각에 빠진다. 성직자나 철학자는 이러한 순간을 비집고 들어와서 조언을 제시하거나 희망에 대해 말한다. 그러나 희망은 끔찍한 단어다. 희망이란 공포와 소망의 합작품이다. 마치 진 빚을 모두 갚을 수 있기를 바라는 마음으로 돌아가는 룰렛을 초조하게 지켜보는 도박사처럼.

그러나 희망은 기존의 과학적 접근방식이 제시하는 것이기도 하다. 여러분과 나 그리고 다른 이의 보살핌으로 살아가는 누나의 생명이 정말로 삭막하고 기계적인 우주 공간 속에서 분자의 무작위한 충돌로 이뤄졌다면, 우리는 조심해야 한다. 주사위는 좋은 숫자와 함께 나쁜 숫자도 나오기 때문이다. 우리는 운에 모든 것을 맡길 수밖에 없다.

진정으로 무작위한 사건은 흥분과 창조 그 어느 것도 만들어내지 않는다. 그러나 생명이 존재할 때, 논리적으로 설명할 수 없는 성장과 경험이 일어난다. 보름달이 뜬 밤에 쏙독새가 노래할 때, 우리의 마음은 설렌다. 누가 이처럼 경이로운 순간에 대해 우연의 법칙에 따라 좌충우돌하는 싸늘한 당구공으로 설명할 수 있겠는가? 그렇기 때문에 나는 과학자들이 아무렇지 않은 표정으로 연단에 서서 자신이 인간(고유한 기능을 하는 수많은 조직으로 이뤄진 의식적인 생명체)으로 존재하게 된 유일한 이유는 구르는 주사위의 무작위한 결과 때문이라고 말할 때 흠칫 놀라게 된다. 그들은 생명을 창조한 마법에 대해 조금의 찬사도 보내지 않는다.

슬프고 안타까운 누나의 삶은 결코 무작위로 만들어진 두렵기만 한 연극이 아니다. 누나의 삶은 하나의 모험이었다. 또는 너무도 방대하고 영원해 인간의 귀로는 감상할 수 없는 우주의 교향곡 속에 삽입된 하나의 선율일 것이다. 그러나 그러한 연극과 선율은 끝나지 않는다. 우주의 본질이 컵케이크처럼 유통기한이 정해진 것인지에 관해서는 다음에 다시 논의하기로 하자. 생물중심주의 세계관을 받아들인다는 것은 생명 그 자체는 물론, 시작과 끝을 알지 못하는 의식과 더불어 운명을 함께하겠다는 의미다.

어제보다 앞선 내일

양자 역학을 완전하게 이해하는 사람은 아무도 없다고 말하는 편이 옳을 것 같다. 웬만하면 이렇게 묻지는 말자. "어떻게 이렇게 되었을까?" 아무도 빠져나가지 못한 어두컴컴한 '막다른 골목'에 이르게 될 것이니.

_리처드 파인만

양자 역학은 원자와 그 구성 요소들의 움직임을 확률적으로 대단히 정확하게 예측하는 학문이다. 양자 역학은 레이저나 첨단 컴퓨터 등 현대 사회를 돌아가게 만드는 다양한 신기술을 구상하고 개발하는 과정에 중요한 역할을 담당한다. 그리고 동시에 시간과 공간에 대한 우리의 기본적인 생각뿐만 아니라 뉴턴주의의 질서와 예측 가능성까지 위협한다.

셜록 홈즈가 오래전에 남긴 말을 한번 떠올려보자.

"불가능한 것들을 모두 제거했을 때 남은 것은 비록 그 가능성이 대단히 낮다 하더라도 진리임에 틀림없다."

이 장에서는 과학의 300년 역사가 남긴 모든 편견에서 벗어나 홈즈처럼 예리한 눈으로 양자 이론의 기반을 들여다보고자 한다. 많은 과학자들이 끝내 "어두컴컴한 막다른 골목"에 도달하고 마는 이유는 과학적 관찰의 직접적이고도 명백한 결과를 인정하지 않았기 때문이다. 생물중심주의는 우리가 살아가는 세상이 어떻게 생겼는지를 가장 인간적인 방식으로 설명하는 포괄적 이론이다. 생물중심주의를 받아들이기 위해서 전통적인 사고방식을 모두 포기해야만 한다면 우리는 기꺼이 그렇게 할 것이다. 노벨상을 수상한 물리학자 스티븐 와인버그(Steven Weinberg)는 이렇게 말했다.

"사람들에게 물리학의 기본 법칙을 들먹이는 것은 결코 유쾌한 일이 아니다."

아인슈타인은 시간과 공간의 상대성을 입증하기 위해 끔찍하게도 복잡한 수학 공식을 활용해 '볼 수도 만질 수도 없는' 시공간의 왜곡에 대해 설명했다. 그리고 특히 강력한 중력이나 대단히 빠른 속도와 같은 극단적인 조건 하에서 사물이 움직이는 방식을 성공적으로 설명했다. 그러나 사람들은 여전히 시공간이 사물의 움직임을 예측하기 위한 수학적인 개념이 아니라, 체다 치즈처럼 보고 만질 수 있는 실체라고 생각한다. 물론 아인슈타인은 일반 대중이 시공간의 개념과 관련해 그러한 오해를 하도록 만든 최초의 장본인은 아니다. 예를 들어 −1의 제곱근이나 무한대 기호 역시 수학적 사고방식에서 어쩔 수 없이 필요한 허구적 개념의 사례다. 이러한 개념은 물리적 차원이 아니라 오로지 관념적 차원에서만 존재한다.

이처럼 개념적 존재와 물리적 존재를 구분하는 도식적인 이분법은 양자 역학 시대에도 그대로 지속됐다. 양자 역학은 관찰자를 핵심 요소로 인정함에도 불구하고(관찰자를 시공간 안의 존재에서 물질 그 자체의 특성으로까지 확장하면서) 일부 과학자들은 여전히 관찰자를 골치 아픈 존재로 여긴다.

양자 세상에서는 뉴턴 시계에 대한 아인슈타인의 업데이트 버전(복잡하지만 예측 가능한 태양계처럼)도 제대로 작동하지 않는다. 각각의 사건이 서로 다른 장소에서 개별적으로 일어난다는 생각[종종 '국소성(locality)'이라는 희망 섞인 용어로 언급되는]은 원자나 그 이하의 차원에는 적용되지 않는다. 그리고 점점 더 많은 과학적 증거는 거시적인 세상 역시 다르지 않다는 이야기를 들려준다. 아인슈타인은 '시공간' 속에서 일어나는 사건에 대한 관찰은 서로에 대한 관계 속에서 이뤄진다고 설명했다. 반면 양자 역학은 관찰이라는 행위가 객관성(objectivity)의 근간을 위협하며, 그렇기 때문에 관찰 행위의 본질에 더 많은 관심을 기울여야 한다고 말한다.

아원자 입자를 관찰하는 과학자는 스스로 관찰 대상에 영향을 미친다. 관찰자와 관찰 행위는 관찰 대상 및 관찰 결과와 필연적으로 긴밀하게 얽혀 있다. 가령 전자는 입자이자 파동으로서 존재를 드러낸다. 하지만 전자가 '어떠한 방식'으로 그리고 '어디에' 존재하는지는 관찰 방법에 따라 달라진다.

양자 이론이 등장할 때만 하더라도 이는 매우 생소한 개념이었다. 물리학자들은 그때까지 객관적인 외적 우주를 가정했고, 행성의 차원과 마찬가지로 입자의 궤적과 위치를 정확하게 예측할 수 있을 것으로 확신했다. 그들은 초기 상태와 관련된 모든 정보를 알고 있다면 입자의 위치와 움직임을 정확하게 예측할 수 있다고 믿었다. 다시 말해, 적절한 기술적 뒷받침만 이뤄진다면 규모에 상관없이 모든 사물의 위치와 움직임을 파악할 수 있다고 생각했다.

양자 역학의 불확실성에 더해, 현대 물리학의 또 다른 측면이 독립적인 실체와 '시공간'으로 이뤄진 아인슈타인의 근본적인 개념을 흔들고 있다. 아인슈타인은 빛의 속도는 불변이며, 한 장소에서 일어난 특정 사건이 다른 장소에서 동시에 일어난 또 다른 사건에 영향을 미칠 수 없다고 생각했다. 아인슈타인의 상대성 이론에서 빛의 속도는 입자의 움직임을 설명하기 위해 반드시 고려해야 하는 상수다. 그렇기 때문에 중력의 영향을 받지 않는다. 이러한 생각은 한 세기 넘도록 절대적인 진리로 인정받았다. 진공 상태에서 빛의 속도가 초속 30만 킬로미터라는 것은 불변의 진리였다. 하지만 실험 결과는 그렇지 않다는 사실을 보여준다.

기이한 일은 이미 1935년에 시작됐다. 아인슈타인(Einstein)과 포돌스키(Podolsky), 로젠(Rosen)으로 이뤄진 물리학자 EPR 삼인방은 한 논문에서 '입자의 얽힘(particle entanglement)'이라는 생소한 양자 현상을 다뤘다. 세 사람의 논문은 많은 주목을 받았고, 입자의 얽힘 현상은 지금도 "EPR 상관관계(EPR correlation)"라 불린다.

ERP 삼인방은 하나의 입자가 완전히 분리된 장소에서 또 다른 입자의 움직임을 알 수 있다는 양자 이론의 예측을 무시했다. 그리고 그러한 현상을 드러내는 관찰 결과의 원인으로 아인슈타인이 냉소적으로 표현했듯이 "유령 같은 원격 작용(spooky action at a distance)" 때문이 아니라 "확인되지 않은 국소적 오염(as-yet-unidentified local contamination)" 때문이라고 반박했다.

아인슈타인은 위대한 말을 남겼다.

"신은 주사위 놀이를 하지 않는다."

이는 양자 이론에 대한 공격이었다. 사물이 특정 시점에 특정 위치에 존재하는 것이 아니라 다만 확률로서 존재한다는 주장에 대한 비난이었다. "유령 같은 원격 작용"이라는 아인슈타인의 말은 이후로 수십 년 동안 물리학 강의 시간에 등장했다. 이 표현은 대중이 양자 이론의 불가사의에 접근하지 못하도록 방해했다. 실험 장비가 상대적으로 열악했던 시절에 누가 감히 아인슈타인이 틀렸다고 지적할 수 있었겠는가?

그러나 아인슈타인은 틀렸다. 1964년에 아일랜드 물리학자 존 벨(John Bell)은 멀리 떨어진 두 입자가 즉각적으로 영향을 주고받을 수 있다는 사실을 확인하기 위한 한 가지 실험을 설계했다. 이를 위해, 먼저 동일한 '파동함수(단단한 입자도 에너지 파동의 특성을 드러낸다)'를 공유하는 두 개의 광자가 필요하다. 우리는 빛을 특수한 형태의 수정

결정체에 주사해 이를 쉽게 얻을 수 있다. 그렇게 만들어진 두 광자는 원래 광자의 절반의 에너지(파장은 두 배)를 갖기 때문에 에너지 보존 법칙은 유효하다. 다시 말해 투입된 에너지와 똑같은 양이 방출된다.

양자 이론은 자연 만물이 입자와 파동으로서의 특성을 동시에 드러내며 또한 사물의 위치와 움직임은 오직 확률로서만 존재한다고 말한다. 대단히 작은 입자도 파동함수가 붕괴되기 전에는 특정한 위치와 움직임을 취하지 못한다. 그렇다면 "파동함수가 붕괴된다"는 말은 무엇을 의미하는가? 우리가 사진을 찍기 위해 플래시를 터트릴 때 파동함수가 붕괴된다. 그리고 연구 결과에 따르면 대상을 관찰하기 위해 관찰자가 하는 모든 행위가 파동함수를 붕괴시킨다. 가령 전자를 관찰하기 위해서 해당 전자를 향해 광자를 주사해야 한다. 그리고 광자가 전자와 부딪히면서 전자의 파동함수는 붕괴된다. 이러한 점에서 관찰 행위는 관찰 대상을 '오염(contaminated)' 시킨다. 그러나 이후로 보다 정교한 실험 방법이 등장하면서(다음 장 참조), '실험자의 마음속 정보' 만으로도 얼마든지 파동함수를 붕괴시킬 수 있다는 사실이 밝혀졌다.

이는 참으로 기이한 현상이다. 하지만 문제는 거기서 끝이 아니었다. 얽힌 입자(entangled particle)는 동일한 파동함수를 '공유'한다. 그리고 하나의 파동함수가 붕괴할 때, 다른 하나도 동시에 붕괴한다. 두 입자가 우주의 서로 반대편에 있다고 해도 마찬가지다. 가령 하나의 입자가 '업스핀(up spin)'으로 관찰됐다면, 다른 하나는 '즉각적으로(instantly)' 확률적 존재에서 벗어나 '다운스핀(down spin)'을 취한다. 두 얽힌 입자는 본질적으로 이어져 있고 하나로 연결된 것처럼 움직인다. 시간도 두 입자의 움직임에 영향을 미치지 못한다.

1997년에서 2007년까지 10년 동안 이어진 다양한 실험 결과는 함께 창조된 입자가 마술처럼 동기화된다는 사실을 입증했다. 하나의 입자가 무작위 선택을 통해 특정 방향으로 이동하는 것이 관찰됐다면, 쌍둥이 입자는 아무리 멀리 떨어져 있다고 해도 동시에 똑같은 움직임을 보인다(실제로는 상호보충적인 움직임).

1997년에 스위스 과학자 니콜라스 기신(Nicholas Gisin)은 이러한 연구 흐름의 물꼬를 텄다. 기신 연구팀은 얽힌 광자를 만들고, 그중 하나를 광섬유로 약 11킬로미터 떨어진 곳으로 전송했다. 여기서 하나의 광자가 감지기를 거치면서 무작위로 두 경로중 하나를 선택하도록 만들었다. 그 결과 기신은 "하나의 광자가 어느 경로를 선택했든 간에 쌍둥이 광자는 즉각적으로 그와는 '반대되는' 선택을 내렸다"는 사실을 확인했다.

여기서 중요한 표현은 '즉각적으로'라는 말이다. 쌍둥이 광자가 보인 반응은 빛이 11킬로미터를 이동하는 시간(약 26밀리세컨드)은 물론 실험 장치의 측정 한계인 300억 분의 1초보다 더 빨리 일어났다. 다시 말해 반응이 동시적으로 일어났던 것이다.

양자 역학이 분명하게 이러한 현상을 예측했음에도 불구하고, 오랜 기간에 걸쳐 물리학자들은 실험을 할 때마다 그 결과에 깜짝 놀랐다. 모든 실험 사례에서 얽힌 쌍둥이 입자는 아무리 멀리 떨어져 있다고 해도 동일한 움직임이나 상태를 즉각적으로 보였다.

이러한 결과는 너무나 충격적이어서 몇몇 과학자들은 예외를 발견하는 데 몰두했다. 이러한 과학자들이 제시한 가장 대표적인 반론은 이른바 '감지기 결함 문제'라는 것으로, 지금까지 이뤄진 모든 실험을 통틀어 감지기를 통해 관찰된 쌍둥이 광자의 규모가 충분하지 않다는 주장이었다. 그들은 지금까지 관찰된 입자는 대단히 적은 비중에 불과한 것으로, 동시에 반응을 보인 쌍둥이 입자들이 우선적으로 드러난 것일 뿐이라고 반박했다. 그러나 비교적 최근에 이뤄진 2002년 실험 결과는 이러한 비판을 다시 반박했다. 데이비드 와인랜드(David Wineland) 박사가 이끈 미국표준기술 연구소(National Institute of Standards and Technology) 연구팀은 〈네이처〉에 발표한 논문에서 베릴륨 이온의 두 얽힌 입자와 첨단 감지기를 활용해 쌍둥이 입자가 동시에 동일한 움직임을 보여준다는 사실을 분명하게 입증했다.

지금까지도 미지의 힘이나 마술적인 상호작용이 두 쌍둥이 입자 사이에 동시에 작용한다는 주장을 받아들이는 과학자는 많지 않다. 와인랜드는 논문의 한 공저자에게 이렇게 말했다고 한다.

"유령과 같은 작용이 먼 거리에서 일어난다."

물론 와인랜드 역시 이 말이 무슨 의미인지 정확하게 이해하지는 못했을 것이다. 물리학자들 대부분 입자는 언제나 무작위하게 움직이기 때문에 EPR 상관관계를 통해 정보를 전송할 수 없다는 점에서 상대성 이론에서 말하는 광속의 한계를 넘어선 것은 아니라고 주장한다. 최근 연구 흐름은 형이상학적 측면보다 실용적 활용에 초점을 맞추고 있다. 이와 같은 이해하기 힘든 현상을 활용해 슈퍼울트라 양자 컴퓨터 개발에 적용하는 것이다. 와인랜드는 이를 "양자 역학으로부터 비롯된 모든 기이한 짐을 실어 나르는" 컴퓨터라고 말했다.

결론적으로 말해서, 지난 10년 동안 이뤄진 모든 실험 결과는 아인슈타인의 '국소성(그 궁극적인 의미는 빛보다 빠른 속도로 다른 입자에 영향을 미칠 수 없다는 것이다)' 개념이 틀렸다는 사실을 입증하는 것이다. 우리가 관찰하는 대상은 한 세기 전에 아인슈타인이 이론적인 차원에서 제시했던 시공간으로부터 자유로운 장[생물중심주의에서 말하는 마음의 장(field of mind)]을 떠다닌다.

생물중심주의가 양자 역학을 근본적인 이론으로 지목했을 때, 그 밖에 또 다른 양자 현상이 있을 것이라고는 누구도 예상하지 못했다. 이후로 계속해서 검증됐던 1964년 벨의 정리는 국소성 개념이 여전히 유효하다고 주장했던 아인슈타인을 비롯한 많은 과학자들의 소망을 무참히 짓밟았다.

벨 이전에 과학자들은 국소적 현실주의(local realism)를 인정했다. 즉, 객관적으로 독립된 우주의 개념을 진실이라고 믿었다(이후 그 믿음은 조금씩 퇴색했다). 그들은 "관찰 행위 이전에도 물리적 상태는 똑같이 존재한다"는 천년 묵은 가정을 포기하지 않았다. 그리고 관찰 행위와 무관하게 입자는 특정한 성질과 값을 갖는다고 생각했다. 마지막으로 "아무것도 빛보다 빨리 이동할 수 없다"는 아인슈타인의 주장을 근거로 관찰자가 충분히 멀리 떨어져 있을 때 관찰 행위는 대상에 영향을 미치지 않는다고 믿었다.

그러나 이러한 믿음은 이제 완전히 무너졌다. 이에 더해, 우리를 당황하게 만드는 양자 이론의 또 다른 세 가지 현상은 오직 생물중심주의 관점으로만 설명이 가능하다. 나중에 다시 자세히 설명하겠지만, 여기서는 우선 그 세 가지가 무엇인지 간략하게 살펴보자.

첫 번째는 앞서도 언급했던 '얽힘(entanglement)' 현상이다. 얽힘이란 두 입자가 아주 긴밀하게 연결돼 있어 우주의 정반대편에 떨어져 있어도 언제나 한 몸처럼 즉각적으로 반응하는 상태를 말한다. 우리는 이처럼 신비한 현상을 전통적인 '이중 슬릿(two-slit) 실험'에서 확인할 수 있다.

두 번째는 '상보성(complementarity)'이다. 상보성이란 입자는 관찰 행위에 따라 특정한 방식으로 모습을 드러내지만, 동시에 두 가지 방식을 드러내지는 못한다는 사실을 의미한다. 실제로 입자는 구체적인 위치와 특정한 움직임을 동시에 보여주지 않는다. 우리는 다만 관찰 행위에 따라 위치와 움직임 중 하나만을 파악할 수 있다. 이와 같은 상보성을 드러내는 요소는 그 밖에도 여러 가지가 있다. 예를 들어 광자는 파동이나 입자로 모습을 드러낼 수 있지만, 파동이면서 동시에 입자로 드러내지는 못한다. 그리고 특정한 위치나 움직임을 드러낼 수 있지만, 두 가지를 동시에 보여주지는 않는다. 선택은 관찰자의 행위에 달렸다.

마지막으로 생물중심주의를 지지하는 양자 이론의 세 번째 현상은 '파동함수 붕괴'라는 것이다. 물리적 입자나 광자는 확률의 구름 상태로 존재하다가 관찰이 이뤄지는 시점에 파동함수가 붕괴되면서 구체적인 형태로 모습을 드러낸다. 이는 다름 아닌 '코펜하겐 해석(Copenhagen interpretation)', 즉 양자 실험에서 나타나는 현상에 대한 일반적인 설명이다. 물론 코펜하겐 해석에 대한 반론은 여전히 남아 있다. 이에 관해서는 나중에 살펴보자.

다행스럽게도 베르너 하이젠베르크(Werner Heisenberg)와 벨, 기신, 와인버그의 실험들은 경험 그 자체, 즉 지금 이 순간으로 우리를 돌려놓는다. 그들은 자갈이든 눈송이 또는 아원자 입자든 물질이 모습을 드러내기 위해서는 살아있는 생명체가 이를 인식해야 한다고 말한다.

우리는 이러한 '관찰 행위'의 역할을 양자 이론의 정수를 보여준 '이중 슬릿 실험'에서 생생하게 확인할 수 있다. 지금까지 수많은 과학자들이 여러 가지 변형된 방식으로 이중 슬릿 실험을 수행했다. 아원자 입자나 광자가 이중 슬릿을 통과하면 벽에 뚜렷한 간섭무늬를 만들어낸다. 이론적으로 입자는 두 슬릿 중 하나만을 통과해야 한다. 그러나 과학자가 입자를 관찰하지 않을 때, '모든 가능성을 드러낼 권리를 지닌' 파동의 움직임을 보인다. 즉, 두 슬릿을 동시에 통과해서(입자는 쪼개질 수 없음에도) 파동만이 만들어낼 수 있는 물결 패턴을 나타낸다.

'양자 불가사의(quantum weirdness)'라고 불리는 '파동-입자 이중성'은 과학자들을 수십 년 동안 괴롭히고 있다. 몇몇 위대한 물리학자는 이러한 이중성이 직관적으로 이해하고, 언어로 묘사하고, 시각화하기 불가능한 개념이며, 기존 상식과 일상적인 지각의 힘을 무력화시킨다고 말한다. 그들은 고차원적인 수학을 떠나서는 양자 이론의 현상을 설명할 길이 없다는 사실을 인정한 셈이다. 그렇다면 양자 이론은 어떻게 우리의 언어와 은유 그리고 시각화 모두를 무력화할 수 있는 것일까?

생명체가 현실을 창조한다는 주장을 받아들일 때, 우리는 놀랍게도 이러한 모든 현상을 직접적으로 이해할 수 있다. 핵심적인 질문은 이것이다.

"무엇의 파동인가?"

1926년에 독일 물리학자 막스 보른(Max Born)은 그의 동료 에르빈 슈뢰딩거(Erwin Schrödinger)가 이론적으로 설명했던 것처럼 양자의 파동이 물질의 파동이 아니라 '확률의 파동(waves of probability)'이라는 사실을 입증해보였다. 파동은 통계적 예측이다. 다시 말해, 확률의 파동이란 '가능성 있는 결과'를 말한다. 파동은 그러한 개념을 떠나 실제로 존재하는 물질이 아니다. 손으로 만질 수 있는 대상이 아니다. 노벨 물리학상 수상자 존 휠러(John Wheeler)는 이렇게 말했다.

"어떠한 현상도 '관찰'되기 전에는 존재하지 않는다."

우리는 지금 기차처럼 수많은 부품의 집합이 아니라 광자나 전자와 같은 단일 입자에 대해 이야기하고 있다는 사실에 주의하자. 친구가 도착할 시간에 맞춰 역으로 마중을 나간다고 해보자. 우리는 기차를 직접 보기 전에도 기차가 역에 분명히 있을 거라고 확신한다. 관찰 대상이 클수록 파장은 더 짧아진다. 거시 세상에서 사물의 파동은 측정할 수 없을 정도로 짧다. 그래도 파동은 분명히 존재한다.

그러나 아주 작은 입자의 경우 관찰되기 전까지는 구체적인 방식으로 존재하지 않는다. 관찰 행위가 존재의 기반을 마련할 때까지 그리고 가능한 값의 범위를 의미하는 확률의 안개 속 어딘가에 실마리를 놓아둘 때까지 우리는 입자가 여기 또는 저기에 존재한다고 말할 수 없다. 그러므로 양자의 '파동'이란 입자가 점유할 수 있는 '잠재적' 공간의 범위를 의미하는 것이다. 과학자가 입자를 관찰할 때, 가능한 통계적 확률 어딘가에서 발견될 것이다. 파동은 바로 그러한 의미다. 확률의 파동은 '사건'이나 '현상'이 아니다. 사건이나 현상이 일어날 가능성이다. 그러므로 우리가 실제로 관찰하기 전까지 어떤 사건도 일어나지 않는다.

이중 슬릿 실험에서 광자 또는 전자는 특정 슬릿만 통과해야 한다(입자는 쪼개지지 않으므로). 그리고 관찰자는 입자가 어느 슬릿을 통과했는지 확인할 수 있어야 한다. 많은 똑똑한 물리학자들은 오랜 기간에 걸쳐 간섭 패턴을 나타내는 실험 환경에서 입자가 '어느 쪽' 슬릿을 통과했는지 확인할 수 있는 다양한 방법을 고안했다. 하지만 그들 모두 놀라운 결과에 직면해야 했다. 그것은 입자가 어느 슬릿을 통과했는지 확인하고 동시에 간섭 패턴을 관찰할 수는 없다는 사실이었다. 실제로 감지기를 설치해놓으면 광자가 어느 슬릿을 통과했는지 분명히 확인할 수 있다. 하지만 그러한 실험 환경에서 광자는 스크린에 입자로만 존재를 드러내고, 물결 패턴은 나타내지 않는다. 결론적으로 파동이 아니라 입자로만 존재한 것이다. 그 밖에 다양한 이중 슬릿 실험과 그에 따른 양자의 불가사의는 다음 장에서 사례를 통해 자세히 살펴보도록 하자.

슬릿을 통과하는 입자를 관찰하는 행위는 파동함수를 붕괴시킨다. 그 순간 입자는 양자택일의 자유를 상실한다. 사실 상황은 이보다 더 복잡하다. 어느 쪽 슬릿을 통과했는지에 대한 정보 그리고 간섭 패턴 두 가지 모두를 얻는 것이 불가능하다는 사실을 받아들일 때, 우리는 한 걸음 더 들어갈 수 있다. 이제 얽힌 광자 쌍을 가지고 실험을 해보자. 두 쌍둥이 입자는 아무리 멀리 떨어져 있어도 상호관련성을 잃어버리지 않는다.

두 개의 광자 y와 z를 서로 다른 방향으로 나아가게 한다고 해보자. 그리고 다시 한 번 이중 슬릿을 활용하자. 스크린에 도달하기까지 아무런 관찰을 하지 않는다면, 광자 y는 양쪽 슬릿 모두를 마술처럼 통과해 간섭 패턴을 만들어낼 것이다. 그리고 다른 한편에서, 아주 멀리 떨어져 있는 쌍둥이 광자 z가 어느 슬릿을 통과하는지 확인하기 위해 감지기를 설치한다. 이제 광자 z가 어느 쪽 슬릿을 통과하는지 측정하기 위한 장치를 켜자마자 광자 y는 우리가 자신의 경로를 '추정'할 수 있다는 사실을 알게 된다(광자 z는 언제나 광자 y와 반대되거나 상보적인 움직임을 취하므로). 우리가 아주 멀리 떨어진 광자 z의 경로를 확인하기 위한 감지기로 시선을 돌리는 순간, 광자 y는 우리가 아무런 간섭을 하지 않았음에도 간섭 패턴을 나타내는 일을 갑작스럽게 중단해버린다. 광자 y와 z가 우주의 반대편에 놓여 있다 해도 똑같은 현상이 즉각적으로 일어난다.

놀랍게도 상황은 더욱 기이한 방향으로 나아간다. 광자 y가 슬릿을 통과해 스크린에 도착한 직후에 그로부터 멀리 떨어진 쌍둥이 광자 z를 측정할 때, 우리는 양자 이론의 법칙을 속일 수 있다. 광자 y는 쌍둥이 광자 z를 측정하기 전에 이미 스크린에 도착한 상태다. 그렇다면 우리는 두 스크린에서 상이한 패턴을 확인할 수 있어야 한다. 정말로 그럴까? 그렇지 않다. 실제로 이 실험을 수행했을 때, 과학자들은 어디서도 간섭 패턴을 확인할 수 없었다. 광자 y는 두 슬릿 모두를 통과하는 움직임을 '소급적으로(retroactively)' 중단했다. 간섭무늬가 사라진 것이다. 광자 z가 감지기에 도달하기 전에도 광자 y는 우리가 '최종적으로' 그 쌍둥이 입자를 관찰할 것이라는 사실을 알고 있었다는 말이다.

이 말은 무슨 의미인가? 그리고 시간과 인과관계에 대해 어떤 이야기를 들려주는가? 이제 우리는 관찰자의 역할에 대해 그리고 관찰 행위가 아주 멀리 떨어진 사건에 동시적으로 영향을 미치는 메커니즘에 대해 어떤 결론을 내려야 하는가? 광자는 미래에 무슨 일이 벌어질지 어떻게 아는 것일까? 그리고 어떻게 빛보다 빠른 속도로 의사소통을 하는 것일까? 광자의 쌍은 분명하게도 시간과 공간 또는 인과관계를 초월해 특별한 형태로 연결돼 있다. 여기서 더 중요한 질문은 이것이다. 관찰 행위 그리고 모든 경험이 일어나는 '마음의 장(field of mind)'과 관련해 무슨 이야기를 들려주는가?

양자 현상의 의미…?

1920년대 베르너 하이젠베르크와 닐스 보어(Niels Bohr)의 열정으로부터 탄생한 코펜하겐 해석은 용감하게도 양자 실험이 보여준 기이한 현상에 대한 설명을 제시했다. 그러나 그 해석은 전반적으로 기존 세계관을 완전히 뒤흔든 혁명이었다. 간단하게 말해서, 존 벨을 비롯한 많은 과학자들은 "아원자 입자는 위치나 움직임 중 하나만을 드러낸다"는 코펜하겐 해석의 주장을 40년이 흘러서야 실험을 통해 입증했다. 아원자 입자는 특정한 위치에 있는 것이 아니라 기이한 영역 안에 존재한다. 이러한 의미의 불확정성은 파동함수가 붕괴될 때 끝난다. 코펜하겐 해석을 지지한 과학자들은 얼마 지나지 않아 관찰 이전에는 아무것도 존재하지 않는다는 사실을 확인했다. 우리가 생물중심주의를 받아들일 때, 코펜하겐 해석은 논리적 설명의 연장선상에 놓인다. 반면 생물중심주의를 거부할 때, 하나의 수수께끼로 남는다.

유령 같은 원격 작용을 거부하고 파동함수 붕괴를 대체할 새로운 이론을 찾는다면, 코펜하겐 해석의 경쟁 이론인 '다세계 해석(Many Worlds Interpretation, MWI)'이 있다. 다세계 해석은 모든 가능성은 실현된다고 말한다. 우주는 새싹이 끊임없이 돋아나는 것처럼 모든 가능성이 실현되는 무한의 세상으로 뻗어나간다. 이 이론에 따르면, 회계가 아니라 사진을 전공하고 파리로 이주해서 살다가 히치하이킹으로 만난 사람과 결혼한 또 다른 '여러분'이 지금 또 다른 우주에서 살아가고 있다. 최근 스티븐 호킹과 같은 현대 이론가들이 받아들이는 다세계 해석에 따르면, 우주에는 중첩이나 모순, 유령과 같은 작용 또는 비국소성과 같은 개념이 존재하지 않는다. 모순처럼 보이는 양자 현상은 우리가 과거에 포기했던 모든 개인적인 선택과 더불어 바로 지금 수없이 많은 평행우주 속에 존재한다.

그렇다면 어느 쪽이 진실일까? 지난 수십 년 동안 실험 결과는 코펜하겐 해석의 손을 들어줬다. 앞서 언급했듯이 코펜하겐 해석은 생물중심주의를 강력하게 뒷받침하는 이론이다.

아인슈타인을 비롯한 일부 물리학자는 '숨은 변수(hidden variables, 아직 발견되거나 이해되지 않은 요소)'를 통해 모순된 양자 현상을 완벽하게 설명할 수 있다고 주장했다. 어쩌면 기존의 실험 장비가 관찰 대상의 움직임을 아무도 예상하지 못한 방식으로 오염시킨 것인지 모른다. 하지만 숨은 변수로 설명해낼 수 있다는 주장은 반박 자체가 불가능하다. 그 표현은 정치인의 선거 공약만큼 공허한 개념이다.

최근까지도 양자 실험의 의미는 중요하게 인정받지 못했다. 그 이유는 양자 현상이 미시 세상에만 제한적으로 나타났기 때문이다. 그러나 미시 세상에만 국한된다는 지적은 아무런 근거가 없으며 더 중요하게도 전세계 수많은 과학자들이 그 한계에 도전하고 있다. 가령 벌키볼

(buckyball)이라는 거대 분자를 가지고 하는 새로운 실험은 양자 현상이 우리가 살아가는 거시적인 세상으로 확장될 수 있다는 가능성을 보여줬다. 2005년에는 탄산수소칼륨($KHCO_3$) 결정을 가지고 0.5인치 높이의 양자 얽힘 융기를 보여줬다. 이 정도면 육안으로 인식이 가능하다. 사실 생물중심주의가 생명체의 관점에서 타당한 이론임을 입증했던 흥미진진한 실험['확장된 중첩(scaled-up superposition)'이라고 불리는]은 최근에서야 이뤄졌다. 물론 이 실험에 대해서도 다뤄볼 것이다.

그 전에 먼저 생물중심주의 세 번째 원칙을 추가하도록 하자.

생물중심주의 제1원칙 ▼

우리가 생각하는 현실은 의식을 수반하는 과정이다.

생물중심주의 제2원칙 ▼

내적 지각과 외부 세상은 서로 얽혀 있다. 둘은 동전의 앞뒷면과 같아서 따로 구분할 수 없다.

생물중심주의 제3원칙 ▼

아원자를 비롯한 모든 입자와 사물의 움직임은 관찰자와 긴밀하게 얽혀 있다. 관찰자가 없을 때, 입자는 기껏해야 확률 파동이라는 미정된 상태로밖에 존재하지 않는다.

역사상 가장 놀라운 실험

관찰이 이뤄지기 전까지 아무것도 존재하지 않는다.

_존 휠러

안타깝게도 양자 이론은 오늘날 다양한 뉴에이지 집단의 홍보 수단으로 전락하고 말았다. 물리학에 대한 기초적인 지식도, 양자 이론의 기본적인 개념조차 없는 많은 저자들이 타임머신이나 마인드 컨트롤과 관련된 기이한 이야기를 늘어놓으면서 양자 이론을 그 '증거'로 거들먹거리고 있다. 2004년 인기를 끌었던 다큐멘터리 〈도대체 우리가 아는 것은 무엇인가?(What the Bleep Do We Know?)〉가 대표적인 사례다. 이 영화는 "양자 이론으로 우리의 사고방식에 혁명이 일어났다"는 말로 시작한다. 물론 사실이다. 하지만 그 시나리오는 느닷없이 양자 이론이야말로 우리가 시간 여행을 하고, "원하는 현실을 선택"할 수 있는 논리적 근거라는 주장을 내놓는다.

그러나 양자 이론은 그런 학문이 아니다. 양자 이론은 입자가 취할 수 있는 위치와 움직임의 확률을 다룬다. 앞으로 자세히 살펴보겠지만 입자나 광자는 관찰자의 존재에 따라 그 존재를 달리한다. 또한 관찰된 입자는 놀랍게도 다른 입자의 이전 움직임에까지 영향을 미친다. 하지만 그렇다고 해서 우리가 시간 여행을 할 수 있다거나 과거 사건에 영향을 미칠 수 있다는 의미는 아니다.

'양자 이론'이라는 용어가 포괄적인 의미로 사용되고, 생물중심주의가 패러다임을 바꾸고 있는 현실에서 양자 이론을 증거로 제시하는 접근방식은 비판자들의 심기를 더 불편하게 만들 수 있다. 이러한 점에서 우리는 무엇보다 다양한 양자 실험을 정확하게 이해할 필요가 있다. 그리고 그러한 실험과 관련된 허무맹랑한 이야기가 아니라, 실험의 실질적인 의미를 이해해야 한다. 조금의 끈기로 이 장을 끝까지 읽는다면, 여러분은 아마도 물리학 역사에서 가장 놀랍고 유명한 최근 실험으로부터 인생을 바꿀 만한 놀라운 깨달음을 얻을지 모른다.

우리의 세계관을 완전히 뒤집어놓은, 그리고 생물중심주의를 강력하게 뒷받침하는 놀라운 '이중 슬릿 실험'은 수십 년 동안 반복적으로 이뤄졌다. 2002년 〈피지컬리뷰 A(Physical Review A)〉에 소개된 실험은 한 가지 구체적인 형태를 요약적으로 잘 보여줬다. 그러나 이것 역시 75년 동안 끊임없이 이어진 수많은 실험들 중 하나에 불과하다.

20세기 초 물리학자들은 빛이 광자로 이뤄진 입자인지 아니면 에너지 파동인지를 놓고 치열하게 논쟁을 벌였다. 뉴턴은 빛이 입자라고 믿었다. 반면 19세기 말부터 파동설이 더 많은 지지를 얻었다. 하지만 선견지명이 있는 일부 물리학자들은 이미 오래전부터 단단한 물체도 파동의 특성을 동시에 드러낼 수 있다고 생각했다.

이를 확인하기 위해 물리학자들은 빛이나 입자를 가지고 실험했다. 전통적인 이중 슬릿 실험은 일반적으로 전자를 활용했다. 전자는 근본적인 아원자 입자(더 이상 쪼갤 수 없는)로 멀리 떨어진 목표물을 향해 비교적 쉽게 발사할 수 있다. 과거의 브라운관 TV 역시 전자를 스크린에 주사하는 방식이다.

가장 먼저, 광원을 감지기가 달린 스크린을 향해 조준한다. 그리고 중간에 두 슬릿으로 이뤄진 벽을 설치한다. 우리는 빛의 파동을 발사할 수도 있고 아니면 더 이상 쪼갤 수 없는 단일 광자를 주사할 수도 있다. 그러나 그 결과는 항상 동일하다. 빛은 언제나 50대 50의 확률로 오른쪽 슬릿이나 왼쪽 슬릿을 통과한다.

그러면 모든 광자는 스크린 중앙에 더 많이, 가장자리에 더 적게 떨어지는 패턴을 만들어낸다. 광자는 직진하기 때문이다. 확률의 법칙을 감안하면 우리는 다음과 같은 패턴을 기대할 수 있다.

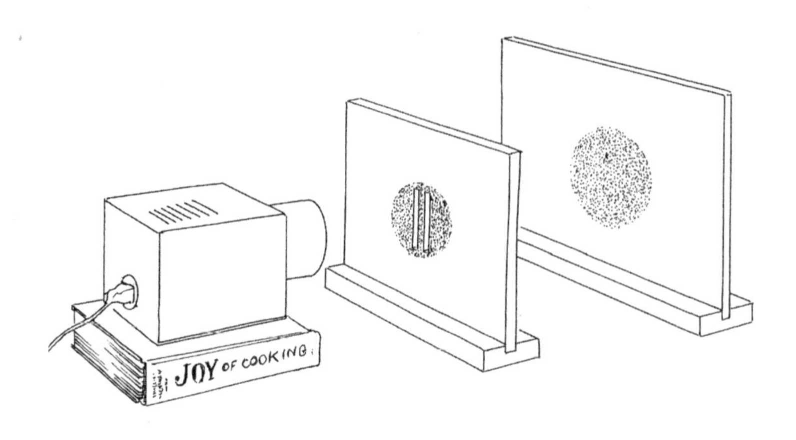

그리고 이 패턴을 그래프(광자가 스크린에 도달한 위치는 x축, 광자의 수는 y축이라 할 때)로 그린다면, 그 결과는 다음과 같을 것이다.

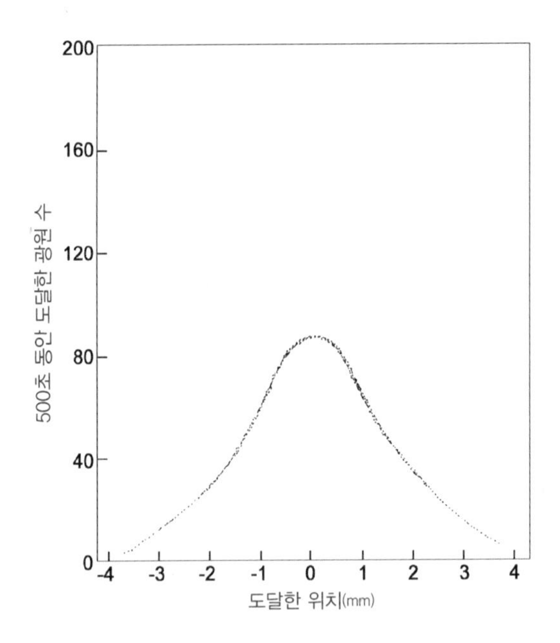

그러나 실험 결과는 달랐다. 실제로 20세기에 수많은 실험을 수행했을 때, 과학자들은 다음과 같은 신기한 패턴을 확인할 수 있었다.

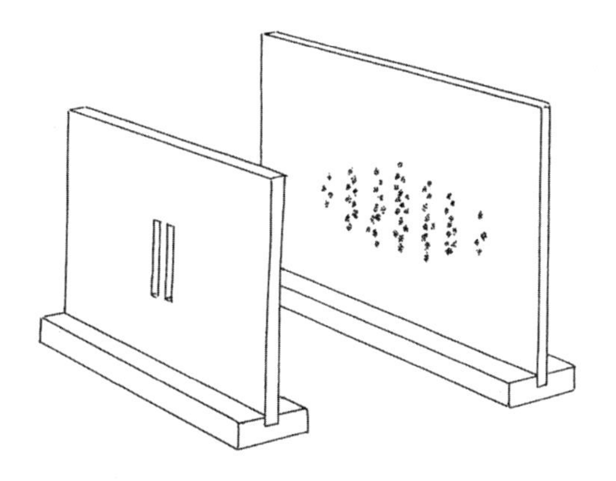

이 결과를 결과를 바탕으로 작성한 그래프는 다음과 같다.

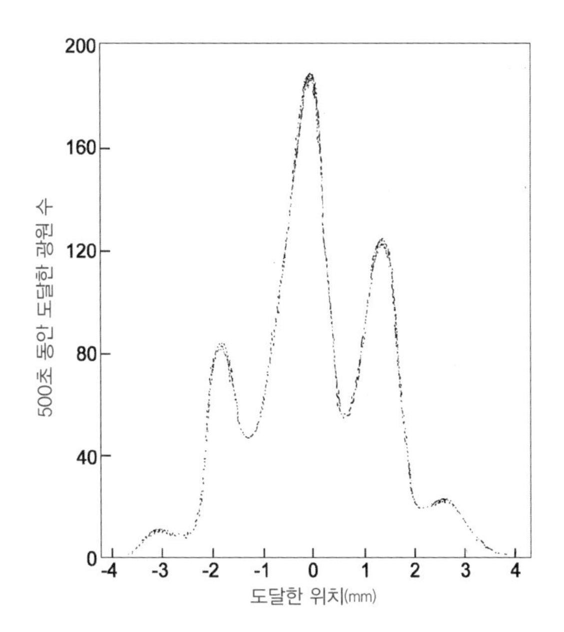

이론적으로 중간 봉우리 주변의 작은 봉우리들은 완전한 대칭을 이뤄야 한다. 그러나 현실적으로 실험은 확률과 광자를 다루기 때문에 결과는 이상적인 형태와 거리가 있다. 어쨌든 중요한 질문은 이것이다. 왜 이런 패턴이 만들어졌을까?

밝혀진 바에 따르면, 이러한 간섭무늬는 빛이 입자가 아니라 파동일 때 만들어지는 무늬다. 파동은 보강과 상쇄를 통해 물결무늬를 만들어 낸다. 두 개의 돌멩이를 동시에 연못에 던질 때, 두 물결이 만나서 더 높은 봉우리와 더 깊은 골짜기를 만든다. 봉우리끼리 또는 골짜기끼리 만났을 때 보강 간섭이 이뤄진다. 반면 봉우리와 골짜기가 만나면 상쇄 간섭이 이뤄진다.

20세기 초 물리학자들은 이러한 실험 결과를 통해 빛은 파동이거나 적어도 실험 당시에 빛이 파동과 같은 방식으로 움직인 것이라고 믿었다. 그런데 더욱 흥미로운 사실은 전자와 같은 입자를 사용했을 때에도 똑같은 결과가 나타났다는 것이다. 입자가 파동의 특성을 보여줬던 것이다. 결론적으로 이중 슬릿 실험은 우리가 바라보는 현실과 관련해 완전히 뜻밖의 결과를 보여줬다. 그것은 딱딱한 물체도 파동의 특성을 드러낸다는 것이다.

아쉽게도 또는 다행스럽게도 이러한 결과는 애피타이저에 불과했다. 하지만 당시 이러한 사실을 깨달은 사람은 거의 없었다.

첫 번째 이상한 일은 광자 또는 전자를 하나씩 주사했을 때 벌어졌다. 충분한 수의 입자를 하나씩 주사해서 개별적으로 관찰한 후에도 물리학자들은 동일한 간섭 패턴을 확인했다. 어떻게 이런 일이 벌어졌을까? 전자와 광자는 대체 무엇과 간섭을 했단 말인가? 더 이상 쪼갤 수 없는 입자들이 어떻게 간섭 패턴을 만들어낸 것일까?

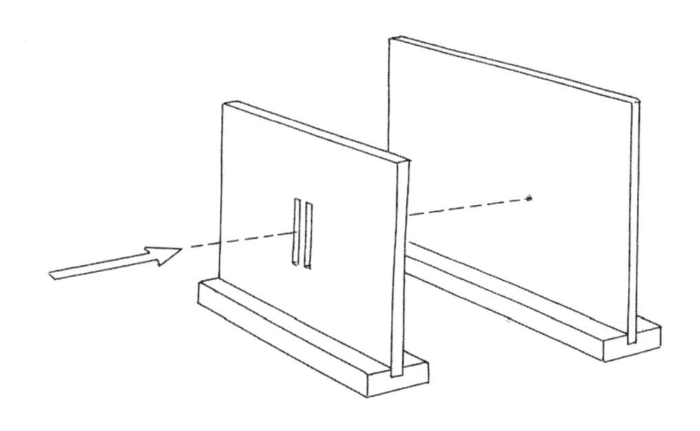

하나의 광자가 스크린에 도달한다.

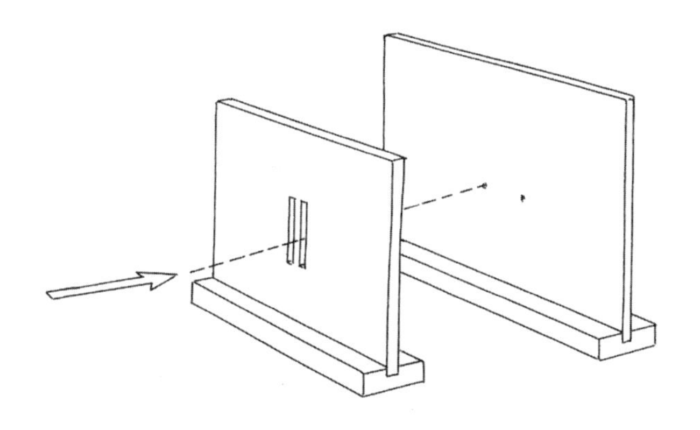

두 번째 광자가 도달한다.

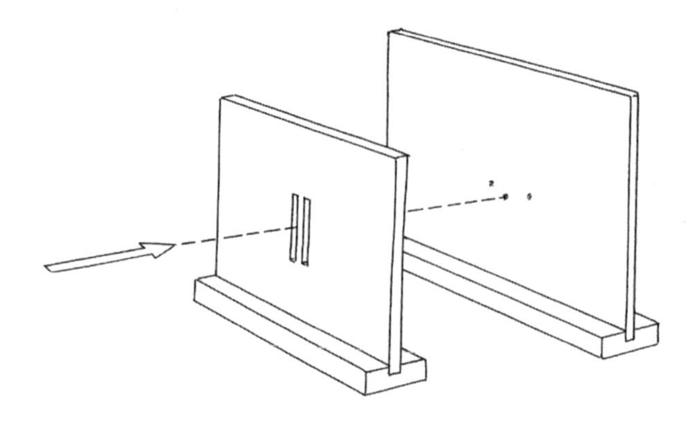

세 번째 광자가 도달한다.

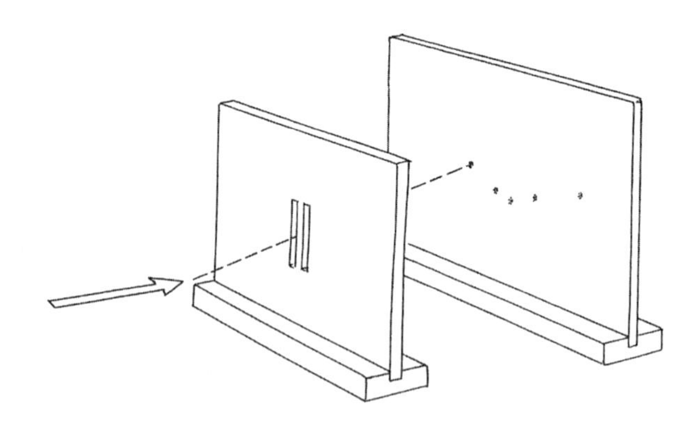

이렇게 개별적으로 도달한 광자들이 간섭 패턴을 만들어냈다.

그러나 이에 대한 만족할 만한 설명은 없었다. 추측만이 무성했다. 평행우주 속 '옆집'에서 또 다른 실험이 벌어지고 있었던 것일까? 그 전자가 우리의 전자와 간섭을 일으켰던 것일까? 하지만 이러한 식의 설명은 대중이 받아들이기에 힘든 것이었다.

간섭무늬에 대한 일반적인 설명은 광자나 전자가 이중 슬릿에 도달했을 때 두 가지 선택을 맞닥뜨린다는 것이다. 그리고 관찰될 때까지, 즉 감지기 스크린에 도달할 때까지 실재하는 물질로 존재하지 않는다는 것이다. 슬릿에 도달했을 때, 입자에게는 선택이 가능한 확률적 자유가 주어진다. '실제의' 전자나 광자는 단일 개체이고 어떤 조건에서도 쪼개지지 않지만, '확률 파동'으로서의 존재는 또 다른 이야기를 들려준다. '슬릿을 통해' 나아가는 것은 실재의 물질이 아니라 확률에 불과하다.

"개별 입자의 확률 파동이 간섭을 일으키는 것이다!"

충분히 많은 광자가 슬릿을 통해 스크린에 도달했을 때, 우리는 모든 확률이 실제의 개체로 존재를 드러내면서 만든 간섭 패턴을 관찰하게 된다. 이는 이상하면서도 엄연한 현실이다. '양자 불가사의'는 이로부터 시작된다. 앞서 우리는 양자 이론에서 상보성이라는 개념을 살펴봤다. 상보성이란 입자가 한 가지 또는 다른 한 가지 특성을 드러낼 수 있지만, 두 가지 특성은 동시에 드러낼 수 없다는 것을 말한다. 어떤 특성을 드러낼 것인지는 관찰자가 무엇에 주목하는지 그리고 어떤 장비를 사용하는지에 달렸다.

특정한 전자나 광자가 둘 중 어떤 슬릿을 통과해서 스크린에 도달했는지 확인해본다고 해보자. 우리는 편광(polarized light, 수직이나 수평으로만 진동하거나 진동 방향이 서서히 회전하는 빛)을 통해 이를 확인할 수 있다. 여러 가지 편광 조합을 활용하더라도 우리는 똑같은 간섭무늬를 얻을 수 있다. 입자가 어느 슬릿을 통과했는지 확인하기 위해 여러 방법이 있지만, 여기서는 'QWP(quarter wave plate, 4분의 1파장판)'를 활용해보자. QWP는 특정한 형태의 편광을 만들어내며, 스크린에 도달한 광자의 극성을 통해 어느 슬릿을 통과했는지 확인할 수 있다.

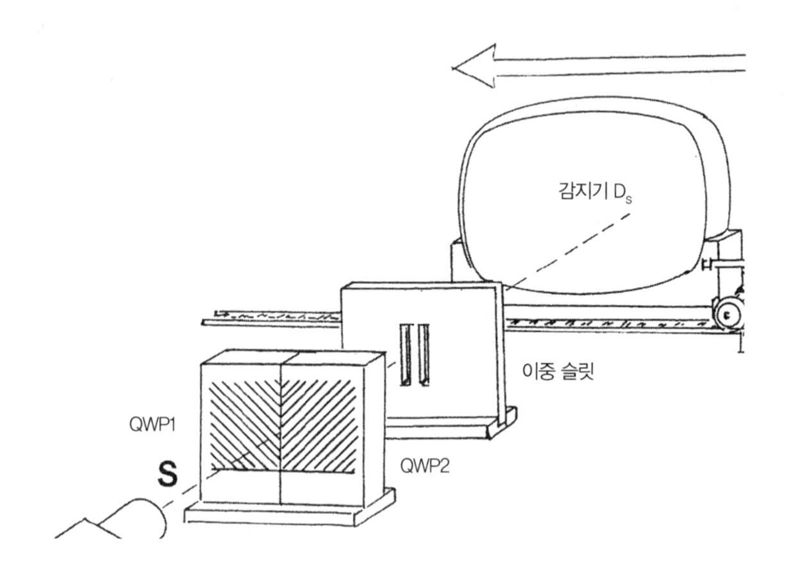

똑같이 광자를 하나씩 주사해 이중 슬릿을 통과하도록 한다. 하지만 이번에는 두 개의 QWP를 통해 광자가 어느 슬릿을 통과했는지 알 수 있다. 그러자 '결과'는 극적으로 바뀐다.

QWP는 극성을 변화시킨 것 외에 광자에 아무런 영향을 미치지 않았음에도(QWP가 최종 결과에 영향을 미치지 않았다는 사실은 나중에 따로 살펴보도록 하자), 종전의 간섭무늬는 나타나지 않았다. 그리고 패턴에 따른 그래프 역시 광자를 입자라고 가정했을 때 우리가 예상할 수 있는 형태로 바뀌었다.

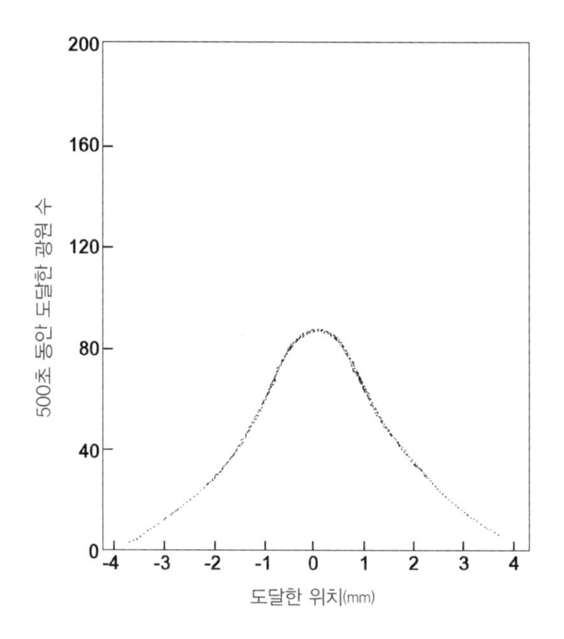

무엇인가 중대한 일이 벌어졌다. 광자의 경로를 파악하는 단순한 관찰 행위가 확정되지 않은 흐릿한 상태로 남아 있을 수 있는, 그리고 스크린에 도달할 때까지 양쪽 경로를 선택할 수 있는 자유를 광자에게서 빼앗은 것이다. 광자가 우리의 관찰 장비인 QWP에 이르러 입자로 존재를 드러내기로 '선택'하면서 즉각적으로 '파동함수'가 붕괴됐다. 흐릿한 확률 상태를 잃어버리자마자 파동의 특성이 사라졌다. 그런데 광자는 왜 QWP에서 파동함수를 붕괴시키기로 선택한 것일까? 그리고 어떻게 관찰자인 우리가 특정 슬릿을 통과했는지 확인할 거라는 사실을 알았던 것일까?

20세기에 걸쳐 위대한 과학자들이 시도했던 이러한 형태의 실험들 모두 똑같은 결과를 보였다. 광자나 전자의 경로에 대한 '관찰 행위'는 흐릿한 확률이 뚜렷한 실체로 드러나도록 만들었다. 이에 대해 물리학자들은 QWP와 같은 실험 장비가 영향을 미친 것은 아닌지 의문을 제기했다. 하지만 어떤 방식으로도 광자를 교란하지 않는 다양한 형태의 감지기를 설치해도 간섭무늬는 나타나지 않았다. 이후 세월이 흘러 과학자들이 최종적으로 내린 결론의 요지는 광자가 어떤 슬릿을 통과했는지에 대한 정보 그리고 에너지 파동이 만든 간섭무늬 둘 다 동시에 확인할 수는 없다는 것이었다.

양자 이론의 상보성 원리에 다시 주목해보자. 우리는 두 가지 특성 중 하나를 측정하고 알 수 있지만 두 가지를 동시에 알 수는 없다. 또한 만일 QWP를 의심한다면 감지기를 설치하지 않은 모든 이중 슬릿 환경에서는, 즉 광자의 극성만 변형하는 것만으로는 간섭무늬에 아무런 영향을 미치지 못한다는 사실에 주목하자.

좋다. 여기서 다시 한 번 새로운 시도를 하자. 앞서 살펴봤듯이 쌍둥이 입자는 양자 이론에 따라 파동함수를 공유한다. 이러한 특성은 아무리 멀리 떨어져 있어도 그대로 유지된다. 두 입자는 서로에 대한 정보를 갖고 있다. 그중 하나가 '가능성으로서의' 자유를 상실하고 수직 극성이라고 하는 구체적인 물질적 특성을 드러내기로 선택할 때, 다른 하나는 즉각적으로 수평 극성을 띤다. 또한 하나의 전자가 업스핀으로 존재를 드러낼 때, 쌍둥이 전자는 다운스핀 전자가 된다. 이처럼 둘은 상보적인 형태로 계속해서 연결돼 있다.

이제 다음과 같이 얽힌 쌍둥이 입자를 서로 다른 방향으로 주사해보자. 특수한 형태의 BBO(beta-barium borate, 베타붕산바륨) 수정을 활용하면 얽힌 광자를 얻을 수 있다. 에너지가 높은 보라색 광자를 BBO 수정으로 주사하면 두 개의 붉은색 광자로 쪼개진다. 하지만 두 광자는 원래 광자에 비해 에너지가 절반(파장은 두 배)이기 때문에 에너지

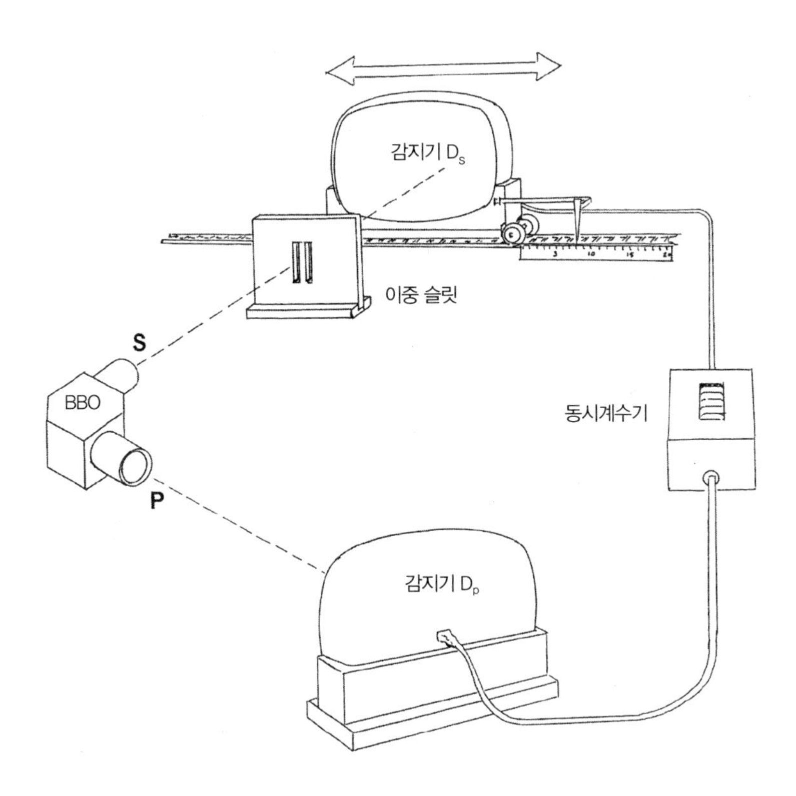

는 그대로 유지된다. 이렇게 만들어진 두 개의 얽힌 광자를 서로 다른 방향으로 주사하고, 각각의 경로를 P와 S라고 하자.

이제 경로 정보를 측정하지 않는 원래의 실험 환경을 다시 만들어보자. 여기에 '동시계수기'만을 추가한다. 동시계수기가 하는 역할은 광자가 감지기 D_P에 도착할 때까지 감지기 D_S에 도달한 광자의 극성을 알지 못하도록 막는 일이다. 쌍둥이 중 하나는 슬릿을 통해(이를 광자 s라 하자) 나아가는 반면, 다른 하나는 감지기 D_P로 곧장 나아간다. 두 감지기 모두 신호를 받았을 때, 우리는 두 개의 쌍둥이 광자가 여정을 마쳤다는 사실을 알 수 있다. 그때서야 우리의 장비에 무엇인가가 기록된다. 이때 감지기 D_S에 그려진 패턴은 우리에게 익숙한 간섭 패턴이다.

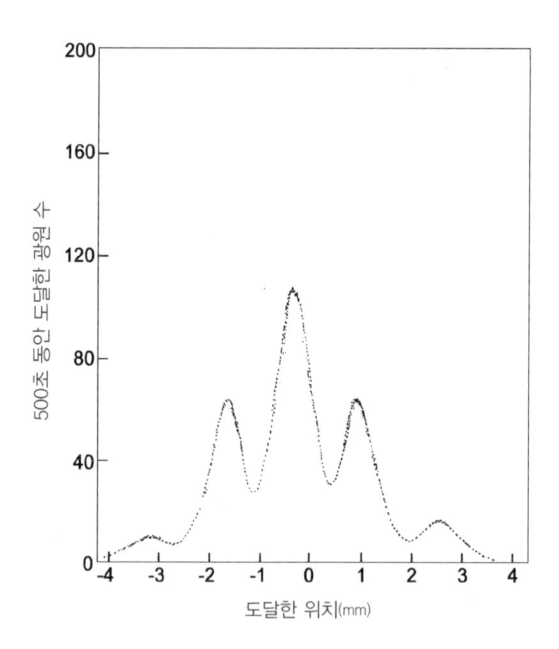

이는 말이 된다. 우리는 어떤 입자나 전자가 어느 슬릿을 통과했는지 알지 못한다. 그래서 물체는 확률 파동으로 남아 있다.

하지만 이제 속임수를 써보자. 우선 QWP를 다시 설치해서 경로 S를 따라 날아가는 광자에 대한 경로 정보를 얻을 수 있도록 하자.

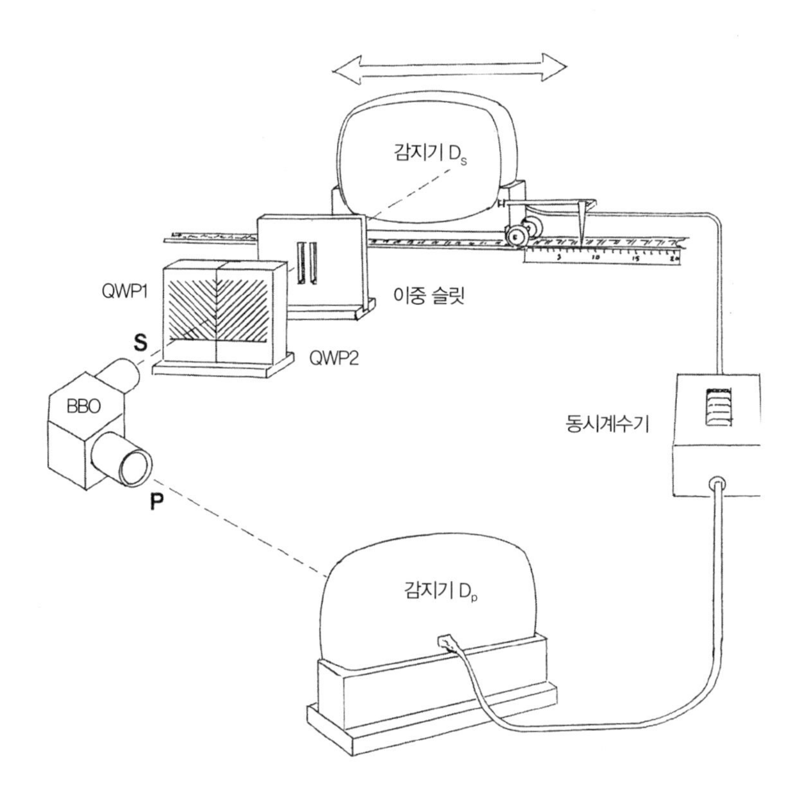

예상대로 이 실험에서 간섭무늬는 나타나지 않는다. 그래프도 하나의 봉우리로 이뤄진 입자 패턴(앞서 나온 최초의 그래프와 같은)을 보인다.

여기까지는 똑같다. 이제 '광자에 아무런 영향을 미치지 않은 방식으로' 광자 s의 경로 정보를 알 수 없도록 해보자. 이를 위해 다른 광자 p의 경로에 편광판을 멀찍이 놓아둔다. 그렇게 하면 두 번째 감지기는 동시 발생을 기록하지 못한다. 오직 몇 개의 광자만을 감지하고, 실질적으로 이중 신호를 조작하게 된다. 결국 쌍둥이 광자의 여정이 끝났다는 정보를 전달하는 동시계수기의 기능이 완전히 중단된다. 이제 우리는 쌍둥이 광자 p와 비교할 수 없기 때문에 광자 s가 어느 슬릿을 통과했는지 알 수 없다. 동시계수기가 허락할 때까지 우리는 아무것도 확인할 수 없다. 그리고 분명히 하자. 우리는 광자 s의 경로에 QWP를 놓아뒀다. 지금까지 우리가 한 일은 광자 p의 경로를 조작함으로써 동시계수기를 통해 광자 s의 경로를 파악하는 능력을 제거해버린 것이다 (감지기 D_s에서 편광을 측정하고, 동시계수기를 통해 매칭 또는 매칭되지 않는 편광이 감지기 D_p에 동시에 기록됐는지 알 수 있을 때에만, 경로를 확인할 수 있다).

결과는 오른쪽 그래프와 같다. 다시 파동이 살아났다. 간섭무늬가 돌아온 것이다. 광자 s가 스크린에 도달한 물리적 위치가 바뀌었다. 하지만 광자가 어느 슬릿을 통과했는지는 알 수 없다. 여기서 우리는 QWP에 손대지 않았다. 우리가 한 일은 멀리 떨어진 쌍둥이 광자를 조작해 정보를 얻는 기존의 능력을 제거한 것뿐이다. 차이점은 정보밖에 없다. 광자 s는 우리가 다른 경로 상에 또 다른 파장판을 멀찍이 놓아뒀다는 사실을 어떻게 안 것일까? 양자 이론은 그 파장판을 우주 맨 끝에 놓아뒀다고 해도 결과는 마찬가지일 것이라고 말한다.

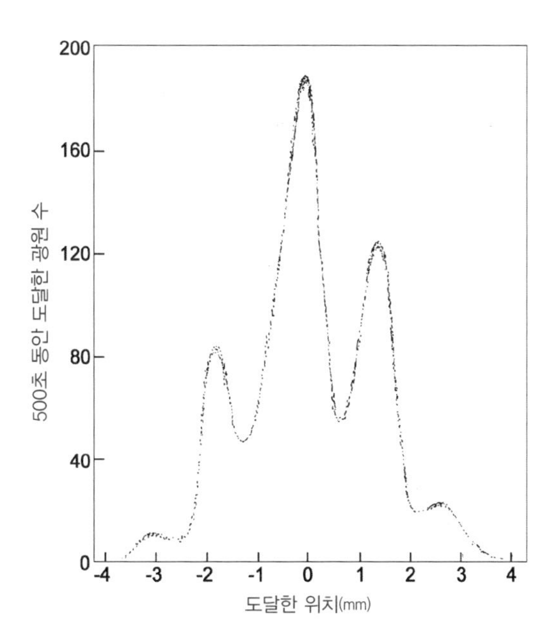

(이러한 사실은 광자가 파동에서 입자로 바뀐 이유가, 그리고 스크린 상의 위치가 바뀐 이유가 QWP 때문이 아니라는 점을 말해준다. QWP를 설치한 상태에서도 간섭무늬가 나타났다. 광자가 신경 쓰는 유일한 대상은 관찰자의 정보다. 그 정보만이 광자의 움직임에 영향을 미친다.)

이는 분명 이상한 현상이다. 그러나 한 번의 예외 없이 똑같은 결과가 매번 나타났다. 이러한 사실은 관찰 행위가 '외적' 사물의 물리적 움직임에 영향을 미친다는 점을 말해준다.

이보다 더 기이한 실험 결과가 있을까? 조금만 더 집중해보자. 이보다 더 놀라운 시도가 아직 남아 있으니 말이다(2002년에 처음으로 이뤄진 한 가지 실험). 지금까지는 경로 P를 조작한 뒤 광자 s를 측정하는 방식으로 정보 전달을 막는 방식이었다. 광자 p가 광자 s에게 정보를 전달하고, 그 정보에 따라 광자 s는 입자가 될 것인지 아니면 파동이 될 것인지 결정했다. 그리고 간섭무늬를 만들 것인지, 그렇지 않을 것인지를 결정했다. 광자 p가 편광판에 맞닥뜨릴 때, 광자 s에게 무한대의 속도로 메시지를 보낸다. 그리고 그 메시지를 받은 광자 s는 입자가 되기로 결정을 내린다. 입자가 되어야 특정 슬릿을 통과할 수 있기 때문이다. 그리고 이에 따라 간섭무늬는 사라졌다.

여기에 또 다른 작업을 추가한다. 첫째, 광자 p가 스크린에 이르는 거리를 늘린다. 따라서 광자 p는 더 오랜 시간 여행을 한다. 그럴 경우, 경로 S로 주사된 광자들이 먼저 스크린에 도달하게 된다. 그러나 이상하게도 결과는 바뀌지 않는다. 경로 S에 QWP를 설치했을 때 간섭무늬는 사라졌다. 그리고 경로 P에 편광 스크램블러(polarizing scrambler, 편광 상태를 변조시켜 마치 편광되지 않은 빛처럼 보이도록 하는 장치_옮긴이)를 설치했을 때, 즉 광자 s의 경로 정보를 확인할 수 없게 되었을 때 간섭무늬는 다시 살아났다. 어떻게 이런 일이 벌어졌을까? 경로 S로 나아간 광자들은 이미 여행을 끝냈다. 특정 슬릿을 통해서 또는 두 슬릿 모두를 통해서 스크린에 도달했다. 그들은 이미 '파동함수'를 붕괴시켰고 입자나 파동으로 존재를 드러냈다. 게임은 모두 끝났다. 쌍둥이 광자 p가 정보 전송을 가로막는 장비에 도달하기 전에 광자 s는 스크린에 도달했고 감지 작업은 완료됐다.

그렇다면 광자 s는 우리가 '미래의 어느 순간에' 경로 정보를 얻을 것인지, 아닌지를 어떻게든 알고 있었던 것이다. 그래서 멀리 떨어진 쌍둥이 광자가 장비에 도달하기 전에 파동함수를 붕괴시켜 입자로 모습을 드러낼 것인지, 아닌지를 결정한다(경로 P의 장비를 치워버릴 경우, 경로 P의 광자들이 스크린에 도달해 동시계수기를 활성화하기 전에 광자 s는 입자로 모습을 드러낸다). 광자 s는 자신 또는 쌍둥이 광자가 제거 메커니즘에 도달하지 않은 상태에서 경로 정보가 제거될 것임을 이미 알고 있었던 것이다. 다시 말해, 광자는 언제 방해가 이뤄질 것인지 그리고 언제 흐릿한 유령의 모습으로 양쪽 슬릿을 통과할 수 있을지 알고 있다. 아주 멀리 떨어진 광자 p가 '최종적으로' 방해 장비에 도달할 것인지 그리고 이로 인해 경로 정보를 차단할 것인지 분명하게 알고 있는 것이다.

다른 것은 하나도 중요하지 않다. 광자의 움직임을 결정하는 것은 우리가 얻는 정보가 유일하다.

이 지점에서 우리는 시간과 공간에 관한 의문을 품게 된다. 쌍둥이 광자가 아직 일어나지 않은 일에 대한 정보를 바탕으로 그리고 아주 먼 거리에도 불구하고 하나로 연결된 것처럼 움직임을 결정하는 것이 정말로 가능한 일일까?

다양한 실험 결과는 관찰자 의존적인 양자 현상을 일관적으로 보여줬다. 지난 10년 동안 미국표준기술 연구소 물리학자들은 한 가지 실험을 했다. 이를 통해 그들은 서둔다고 일이 빨리 진행되는 것은 아니라는 사실을 양자 이론의 차원에서 입증해줬다. 미국표준기술 연구소 과학자 피터 커브니(Peter Coveney)는 이렇게 말했다.

"원자를 관찰하는 행위는 원자가 변화하지 못하도록 방해하는 역할을 한다."

(이론적으로 볼 때, 충분히 집중적으로 관찰하기만 한다면 핵폭탄의 폭발도 막을 수 있다. 단, 100만 조 분의 1초마다 모든 원자를 감시해야 한다. 이는 물리적 세상 그리고 물질과 에너지의 근본적인 구조가 관찰 행위에 영향을 받는다는 주장을 뒷받침하는 또 하나의 근거다.)

양자 이론을 연구하는 과학자들은 최근 20년 동안 지속적인 관찰 환경에서 원자의 에너지 상태는 바뀌지 않는다는 사실을 이론적으로 입증해보였다. 미국표준기술 연구소 과학자들은 양전하로 하전된 베릴륨 이온(말하자면 '물')을 자기장('주전자')을 이용해 고정된 위치에 두었다. 그리고 무선 주파수장의 형태로 주전자에 '열'을 가해 이온의 에너지 상태를 끌어올렸다. 일반적으로 이 과정은 약 0.25초만에 일어난다. 그러나 이들 과학자가 짧은 파동의 레이저 광을 이용해 4밀리세컨드 주기로 계속 관찰했을 때, 이온의 에너지 상태는 높아지지 않았다. 마치 관찰 행위가 원자들이 원래의 낮은 에너지 상태로 돌아가도록 계속해서 '압박'을 가한 것처럼 보인다. 즉, 시스템이 계속해서 원점에 머물러 있도록 만든 것이다. 이는 전적으로 관찰의 기능이다. 물론 이러한 현상은 일상적인 환경에서는 발견할 수 없다.

신비한가? 기묘한가? 믿기 힘든 현상이다. 양자물리학이 태동하던 20세기 초만 하더라도 물리학자들조차 이러한 결과를 불가능하거나 검증이 불가능한 현상이라며 인정하지 않았다. 아인슈타인의 반응 역시 사람들의 호기심을 자극했다.

"여기에는 어떠한 모순도 없다. 그러나 내가 보기에 불합리한 측면이 분명히 존재한다."

양자물리학이 등장하고 객관주의에 대한 믿음이 허물어지면서, 과학자들은 비로소 세상이 우리 마음의 창작물이라는 오랜 주장에 다시 한번 주목했다. 아인슈타인은 프린스턴대학교 고등과학 연구소에서 머서가에 있는 자신의 집으로 돌아오는 길에 이론물리학자 에이브러햄 페이스(Abraham Pais)에게 "우리가 바라볼 때만 달이 존재한다"는 주장을 믿는지 물었다. 아인슈타인의 질문은 객관적인 외적 현실에 대한 자신의 집착과 회의를 그대로 드러내는 것이었다. 이후로도 많은 물리학자들은 관찰자에 의존하지 않는 자연 법칙의 권위를 회복하기 위한 헛된 희망으로 기존의 이론을 분석하고 수정했다. 20세기 위대한 물리학자 유진 위그너(Eugene Wigner)는 이렇게 말했다.

"(관찰자의) 의식을 가정하지 않고서 (물리학) 법칙을 일관적으로 설명하는 것은 불가능한 일이다."

양자 이론이 "의식의 존재를 필요로 한다"는 말은 우리의 마음이야말로 궁극적인 현실이며, 관찰 행위만이 풀밭의 민들레에서 태양과 바람, 비에 이르기까지 우리를 둘러싼 모든 현실에 형태와 색채를 부여할 수 있다는 사실을 암묵적으로 의미하는 것이다.

이제 우리는 생물중심주의 네 번째 원칙에 이르렀다.

생물중심주의 제1원칙 ▼

우리가 생각하는 현실은 의식을 수반하는 과정이다.

생물중심주의 제2원칙 ▼

내적 지각과 외부 세상은 서로 얽혀 있다. 둘은 동전의 앞뒷면과 같아서 따로 구분할 수 없다.

생물중심주의 제3원칙 ▼

아원자를 비롯한 모든 입자와 사물의 움직임은 관찰자와 긴밀하게 얽혀 있다. 관찰자가 없을 때, 입자는 기껏해야 확률 파동이라는 미정된 상태로밖에 존재하지 않는다.

생물중심주의 제4원칙 ▼

관찰자가 없을 때 '물질'은 확정되지 않은 확률 상태에 머물러 있다. 의식 이전에 우주는 오로지 확률로만 존재한다.

골디락스의 우주

생명이 존재할 때, 세상은 갑자기 모습을 드러낸다.

_랄프 왈도 에머슨

원자의 미시적인 세상과 우주의 거시적인 세상은 생명을 위해 설계된 것처럼 보인다. 많은 과학자들은 원자에서 별에 이르기까지 우주의 모든 것들이 생명을 위해 맞춤형으로 제작된 것으로 보이게 만드는 다양한 특성을 발견했다. 그리고 이를 너무 뜨겁지도 차갑지도 않은 상태를 의미하는 '골디락스 원리(Goldilocks Principle)'라는 용어로 종종 설명한다. 실제로 우주는 생명이 부양하기에 '적절한' 상태를 유지한다. 또한 다른 과학자들은 '지적 설계(Intelligent Design)' 이론을 주장한다. 그들은 우주가 생명체에 이상적인 환경을 유지하는 것이 절대 우연이 아니라고 말한다. 사실 지적 설계라는 개념은 성경에 나오는 모든 주장과 우리의 논의와 상관없는 다양한 주제를 포괄하는 일종의 판도라의 상자다. 어쨌든 그 이름을 떠나 그러한 특성에 대한 발견은 천체 물리학 세상은 물론, 그 경계를 넘어 엄청난 논란을 불러일으키고 있다.

최근 미국에서 이러한 실험 결과를 놓고 뜨거운 논쟁이 진행 중이다. 과학자들 대부분 학교 생물 시간에 진화론 대신 지적 설계론을 가르칠 수 있다는 주장에 동의하지 않는다. 반면 지적 설계론을 옹호하는 자들은 "다윈의 진화론으로는 생명의 기원을 완전하게 설명할 수 없다"고 주장한다. 그들은 우주가 지적인 존재의 창조물이라 믿는다. 대부분의 경우에서 그들이 말하는 지적 존재란 신을 의미한다. 그러나 과학자들 대부분 이러한 주장을 인정하지 않는다. 그들은 자연 선택이 완벽한 이론은 아니지만, 그 취지와 목적이 과학적 사실에 부합한다고 믿는다. 과학자를 비롯한 많은 비평가들은 지적 설계론은 성서의 창조론을 새롭게 포장한 것에 불과하며 '정교분리'라는 헌법적 가치를 훼손하는 것이라 말한다.

앞으로 논의의 방향은 종교적 관점에서 진화론을 폐기하려는 시도가 아니라, "우주가 생명에 적합하게 설계됐다"는 주장을 과학적으로 검증하는 생산적인 쪽으로 흘러가야 할 것이다. 물론 우주가 생명을 부양하기에 최적화된 방식으로 설계됐다는 사실은 이유를 밝혀내야 할 과제이기 이전에 외면할 수 없는 과학적 진실이다.

지금까지 세 가지 입장이 이러한 진실에 대해 설명을 내놓았다. 첫째, "신이 모든 것을 만들었다"는 주장이다. 그러나 그것이 사실이라고 해도 이러한 입장은 아무런 특별한 설명을 제시하지 못한다. 둘째, '인류 원리(Anthropic Principle, 인간의 존재 자체가 자연을 설명한다는 원리_옮긴이)'가 있다. 이 원리를 근간으로 하는 다양한 이론은 생물중심주의를 뒷받침한다. 우리는 이러한 입장에 대해 살펴볼 것이다. 마지막으로 세 번째 입장은 다름 아닌 생물중심주의다.

이 중에서 어떤 입장을 받아들이든 간에 우리가 아주 특별한 세상 속에서 살아가고 있다는 것은 부정할 수 없는 사실이다. 60년대 말에는 빅뱅의 폭발력이 아주 조금이라도 더 강했다면 빨라진 팽창 속도 때문에 지구를 비롯한 행성이 존재하지 못했을 것이라는 사실이 밝혀졌다. 그랬다면 지금의 우리는 없을 것이다. 더 놀라운 사실은 우주의 네 가지 힘과 모든 상수는 원자가 결합하기 위해, 그리고 원자 및 원소, 행성, 물, 생명이 존재하기 위해 완벽하게 설정돼 있다는 것이다. 그중 하나라도 틀어지면 우리는 존재할 수 없다. 그러한 상수와 지금까지 밝혀진 값은 다음과 같다.

모든 값은 미국표준기술 연구소가 권고하는 CODATA 1998에 따른 것이다. 괄호로 표시된 뒷자리 소수점은 불확실한 값을 의미한다. 나머지는 모두 정확한 값이다. 예를 들어 :	
m_u	1.66053873(13) x 10^{-27}kg
m_u	1.66053873 x 10^{-27}kg
m_u에서 불확실한 값	0.00000013 x 10^{-27}kg

이름	기호	값
원자질량 단위	m_u	1.66053873(13) x 10^{-27}kg
아보가드로 수	N_a	6.02214199(47) x $10^{23}$$mol^{-1}$
보어 마그네톤	μ_B	9.27400899(37) x 10^{-24}JT^{-1}
보어 반지름	a_0	0.5291772083(19) x 10^{-10}m
볼츠만 상수	k	1.3806503(24) x 10^{-23}JK^{-1}
콤프턴 파장	λ_c	2.426310215(18) x 10^{-12}m
중양성자 질량	m_d	3.34358309(26) x 10^{-27}kg
전기 상수	ϵ_0	8.854187817 x 10^{-12}Fm^{-1}
전자 질량	m_e	9.10938188(72) x 10^{-31}kg
전자 볼트	eV	1.602176462(63) x 10^{-19}J
기본 전하량	e	1.602176462(63) x 10^{-19}C
페러데이 상수	F	9.64853415(39) x 10^{4} x Cmol^{-1}
미세구조 상수	α	7.297352533(27) x 10^{-3}
하트리 에너지	E_h	4.35974381(34) x 10^{-18}J

이름	기호	값
수소 기저 상태	$(r) = \frac{3a_o}{2}$	13.6057eV
조셉슨 상수	K_j	$4.83597898(19) \times 10^{14} Hz V^{-1}$
자기 상수	μ_o	$4\pi \times 10^{-7}$
몰 기체 상수	R	$8.314482(15) JK^{-1} mol^{-1}$
자연 작용 단위	$\hbar$	$1.054571596(82) \times 10^{-34} Js$
뉴턴 중력 상수	G	$6.673(10) \times 10^{-11} m^3 kg^{-1} s^{-2}$
중성자 질량	m_n	$1.67492716(13) \times 10^{-27} kg$
핵 자자	μ_n	$5.05078317(20) \times 10^{-27} JT^{-1}$
플랑크 상수	h	$6.62606876(52) \times 10^{-34} Js$ $h = 2\pi\hbar$
플랑크 길이	l_p	$1.6160(12) \times 10^{-35} m$
플랑크 질량	m_p	$2.1767(16) \times 10^{-8} kg$
플랑크 시간	t_p	$5.3906(40) \times 10^{-44} s$
광자 질량	m_P	$1.67262158(13) \times 10^{-27} kg$
뤼드베리 상수	R_H	$109.\ 73731568549(83) \times 10^5 m^{-1}$
슈테판-볼츠만 상수	σ	$5.670400(4) \times 10^{-8} Wm^{-2} K^{-4}$
진공에서의 광속	c	$2.99792458 \times 10^8 ms^{-1}$
톰슨 단면	σ_e	$0.665245854(15) \times 10^{-28} m^2$
빈의 변위 법칙	b	$2.8977686(51) \times 10^{-3} mk$

이와 같은 생명 친화적인 물리 상수는 면과 직물이 옷을 이루듯 우주를 이룬다. 그중 가장 대표적인 것으로 중력 상수를 들 수 있다. 그러나 미세구조 상수 역시 마찬가지로 생명의 존재에 대단히 중요하다. 알파를 기호로 쓰는 미세구조 상수가 기존 값보다 10퍼센트 더 높을 경우, 별 내부에서 융합 반응은 일어나지 않는다. 빅뱅이 수소와 헬륨 이외에 다른 원소는 거의 창조하지 않았다는 점에서 미세구조 상수는 특히 중요하다. 생명에게는 특히 산소와 탄소가 중요하다(산소가 없으면 물도 없다). 그러나 산소는 비교적 문제가 되지 않는다. 별 내부에서 일어나는 핵융합 과정에서 생성되기 때문이다. 그러나 탄소는 다르다.

우리 몸을 이루는 탄소는 어디서 오는가? 이 질문에 대한 대답은 반세기 이전에 나왔다. 탄소는 수소와 헬륨보다 무거운 원소들이 생산되는 공장, 즉 태양 중심부에서 만들어진다. 무거운 별이 초신성으로 폭발할 때 그 물질은 외부로 방출되고 희뿌연 성간 수소 구름과 더불어 다음 세대의 별과 행성의 구성 물질이 된다. 그리고 똑같은 과정이 새로운 세대의 별에서 일어날 때, 더욱 무거운 원소와 금속의 높은 함량으로 별은 더 무거워지고 결국 폭발에 이른다. 이러한 과정은 계속해서 반복된다. 우리가 살아가는 우주에서 태양은 3세대의 별이며 지구에 존재하는 생명체를 비롯해 태양 주변을 도는 모든 행성은 3세대 항성의 풍부하고 복잡한 물질로 이뤄져 있다.

탄소는 태양과 별이 빛을 발하게 만드는 신비로운 핵융합 과정에서 탄생한다. 빠른 속도로 움직이는 원자핵이나 광자가 충돌해 무거운 원소를 형성할 때 일반적으로 헬륨이 탄생한다. 그러나 별의 연령이 높아질수록 헬륨보다 더 무거운 원소가 탄생한다. 이 과정에서 탄소는 생성되지 않는다. 헬륨에서 탄소로 이르는 중간 단계에서는 대단히 불안정한 상태의 원자핵이 수반된다. 탄소가 만들어지기 위해서는 세 개의 헬륨 핵이 동시에 충돌해야 한다. 그러나 별의 내부에서 아무리 거대한 소동이 벌어진다고 해도 세 개의 헬륨 원자핵이 정확한 순간에 정확하게 충돌할 가능성은 대단히 낮다. 프레드 호일(Fred Hoyle, 1960년대 대폭발 이론과 함께 우주생성론의 두 축을 이뤘던 정상우주론의 대표적인 학자)은 확률적으로 대단히 낮은 삼중 충돌의 가능성을 극적으로 높임으로써 우주에 존재하는 모든 생명체에서 풍부하게 발견되는 탄소를 충분히 공급하기 위해서는 별 내부에서 특별한 과정이 진행돼야 한다고 이해했다. 그러한 과정의 핵심은 '공명(resonance)'이다.

공명 상태에서는 여러 다양한 힘이 함께 작용함으로써 예상치 못한 사건을 만들어낸다. 1940년에 미국 워싱턴 주 타코마 다리가 크게 흔들리다가 붕괴된 것도 바람에 의한 공명 현상 때문이었다. 실제로 올바른 에너지 상태에서 공명이 일어날 때 별은 엄청난 양의 탄소를 생성하는 것으로 밝혀졌다. 그리고 다시 이러한 탄소 공명은 원자핵 안에서 가장 멀리 떨어진 것들을 서로 잡아당기는 힘인 강력에 달려 있다.

강력은 여전히 신비로운 힘으로 남아 있지만, 우리가 알고 있는 우주에서 대단히 중요한 요소다. 강력이 영향을 미치는 범위는 원자 내부다. 그 범위는 대단히 제한적이어서 원자의 가장자리에 이르면 힘은 사라진다. 바로 이러한 이유로 우라늄과 같은 거대 원자들은 아주 불안정하다. 이들 원자의 핵에서 바깥쪽에 위치한 양성자 및 중성자는 강력의 영향력으로부터 비교적 자유롭고 그 입자가 강력의 영향권에서 벗어날 때 원래 원자는 다른 원자로 바뀐다.

강력과 중력이라는 놀라운 힘 외에도, 모든 원자에서 발견할 수 있는 전기적·자기적 연결을 지배하는 전자기력이 있다. 위대한 이론물리학자 리처드 파인만(Richard Feynman)은 자신의 책 《양자전기역학: 빛과 물질의 이상한 이론(QED: The Strange Theory of Light and Matter)》에서 전자기력에 대해 이렇게 말했다.

> 50년 전 발견된 이후로 아직까지 베일에 싸여 있다. 위대한 이론물리학자들은 벽에다 그 값을 적어놓고는 걱정스런 눈빛으로 바라본다. 그들은 연결을 지배하는 그 값이 대체 어디서 비롯된 것인지 알고 싶어 한다. 파이(π), 또는 자연로그의 밑(e)과 관련이 있을까? 아직 아무도 모른다. 물리학의 가장 골치 아픈 불가사의 중 하나다. 누구도 이해하지 못한 상태에서 불쑥 모습을 드러낸 마법의 숫자다. 어쩌면 '신의 손'이 그 수를 만들었고, '신이 어떻게 그 값을 정했는지 우리는 알 수 없다'고 밖에 말할 수 없을지 모른다. 그 값을 정확하게 측정하기 위해 어떤 실험을 수행해야 하는지 우리는 안다. 그러나 컴퓨터를 가지고 그 값을 도출하기 위해서는 어떻게 해야 하는지 알지 못한다. 그 값을 몰래 집어넣는 방법 말고는!

그 값은 137분의 1이며, 이는 전자기장 상수를 의미한다. 전자기력은 우주의 네 가지 근본적인 힘으로서 원자 활성도를 높여 우주가 지금 우리가 바라보는 모습으로 존재하게끔 만들어주는 역할을 한다. 그 값이 조금만 틀어져도 우리가 아는 우주의 모습은 사라질 것이다.

이와 같은 놀라운 진실은 우주를 바라보는 우리의 관점에 중대한 영향을 미친다. 그런데 우주학자들은 이처럼 확률적으로 희박한 세상에서 생명체가 존재할 수 있는 타당한 근거를 제시할 수 없는 것일까?

이 질문에 대해 프린스턴대학교 물리학자 로버트 디키(Robert Dicke)는 1960년대 자신의 한 논문에서, 그리고 1974년 브랜든 카터(Brandon Carter)와 함께한 논문에서 "절대 그렇지 않다"고 답했다. 이러한 생각은 '인류 원리'라는 이름으로 불린다. 카터는 우리가 관찰할 수 있는 대상의 범위는 "관찰자로서 자신의 존재에 필수적인 조건에 제한된다"고 말했다. 다시 말해, 중력이 지금보다 더 강하거나 빅뱅이 조금 더 약했다면 그래서 우주의 수명이 더 짧아졌다면 우리는 지금 여기서 우주에 대해 논의할 수 없을 것이다. 우리가 여기에 있기 때문에 우주는 지금의 모습으로 존재할 수밖에 없다. 그게 전부다.

물론 이러한 이유로 우주에게 감사한 마음을 가져야 한다는 말은 아니다. 우연처럼 보이는, 놀랍게도 구체적인 위치와 온도 및 화학적·물리적 환경은 생명 부양에 필수적인 요소다. 우리가 여기에 있기에 우리는 주변에서 그 요소를 발견해내야 한다.

오늘날 이러한 사고방식은 '약한' 형태의 인류 원리('weak' version of

the Anthropic Principle, WAP)라는 이름으로 알려져 있다. 반면 과학보다 철학에 더 가까운 그리고 생물중심주의를 더욱 강력하게 지지하는 '강한' 형태의 인류 원리는 우주 속에는 생명의 씨앗을 틔울 수 있는 특성이 존재해야만 한다고 말한다. 그 이유는 애초에 우주가 관찰자를 생성하고 유지하려는 목표를 중심으로 '설계'됐기 때문이다. 그러나 생물중심주의를 고려하지 않은 강한 인류 원리는 우주가 왜 그러한 특성을 갖춰야 하는지 그 근본적인 이유를 제시하지 않는다.

'블랙홀'이라는 용어를 처음으로 사용했던 물리학자 존 휠러는 오늘날 학자들 사이에서 회자되는 '참여적 인류 원리(Participatory Anthropic Principle, PAP)'를 주창했다. 이는 우주가 존재하기 위해서 관찰자가 반드시 필요하다고 말한다. 참여적 인류 원리에 따를 때, 생명 탄생 이전에 지구는 '슈뢰딩거의 고양이'처럼 확정되지 않은 상태로 존재했다. 그리고 마침내 관찰자가 등장했을 때, 관찰 대상이 된 우주의 모든 측면은 생명 이전의 세상을 포괄하는 상태로 귀결된다. 이 말은 곧 생명 탄생 이전의 우주는 의식의 등장이라는 사건 이후에 '소급적으로' 존재하게 되었다는 뜻이다(다음에 다시 간략하게 살펴보겠지만, 시간은 의식이 만들어낸 환영이라는 점에서 생명 탄생 이전과 이후에 관한 논의는 엄밀하게 말해서 타당한 접근방식은 아니다. 그럼에도 우리가 세상을 바라보는 기준을 제시한다).

우주가 관찰자의 등장에 따라 구체적인 존재를 드러낼 때까지 미확정 상태로 남아 있다면, 그리고 그러한 상태에서 여러 가지 근본적인 상수를 포함하고 있다면, 결국에는 관찰자를 허용하게 될 것이며, 이러한 점에서 모든 상수의 값은 생명 탄생을 허용하는 방식으로 설정돼 있는 것이다. 이러한 관점에서 생물중심주의는 양자 이론이 나아갈 방향에 대한 존 휠러의 주장을 뒷받침한다. 또한 인류 원리의 문제점에 대해 그 어떤 이론보다 고유하고 합리적인 해결책을 제시한다.

두 가지 형태의 인류 원리 모두 생물중심주의를 강력하게 지지하지만, 천문학 분야의 많은 학자들은 방어적인 차원에서 단순한 형태의 이론만을 인정한다. 캘리포니아대학교 천문학자 알렉스 필리펜코(Alex Filippenko)는 한 저자의 질문에 대해 이렇게 답했다.

"약한 형태의 인류 원리를 선호합니다. 적절하게 활용한다면 예측의 차원에서 충분한 가치가 있습니다."

그리고 이렇게 덧붙였다.

"그저 지루해 보이는 우주의 특성이 조금이라도 달라진다면, 우리는 더 이상 우주의 지루함을 느끼지 못하게 되고 말 겁니다."

어쨌든 중요한 사실은 그러한 일은 벌어지지 않았고, 그리고 벌어질 수도 없다는 점이다. 그러나 기존의 모든 주장과 관련해 한 가지 주목해야 할 점이 있다. 그것은 일부 비평가들이 "약한 형태의 인류 원리가 일종의 순환론에 불과하며 물리적 우주의 중요한 특성을 설명하지 않고 넘어가기 위한 획책에 불과하다"는 의혹을 제기한다는 사실이다. 철학자 존 레슬리(John Leslie)는 자신의 책 《우주(Universes)》에서 이렇게 언급했다.

100명의 소총수 부대의 집중 포화 속에서 살아남은 사람은 모든 총알이 자신을 빗겨나갔다는 사실에 깜짝 놀랄 것이다. 그리고 이렇게 생각할 것이다. '그건 당연한 일이다. 그렇지 않았다면 내가 지금 여기서 왜 모든 총알이 빗나갔는지 궁금하게 여길 수 없기 때문이다.' 하지만 상식적인 사람이라면 그러한 기적을 마땅히 궁금하게 여길 것이다.

생물중심주의는 총알이 빗나간 이유를 설명하고자 한다. 우주의 존재가 생명 탄생으로 시작됐다면, 생명을 허용하지 않은 어떠한 우주도 존재할 수 없다. 이러한 접근방식은 양자 이론 그리고 "우주가 존재하기 위해 관찰자를 필요로 한다"는 존 휠러의 참여적 우주 개념과 조화를 이룬다. 우주가 정말로 관찰자 등장 이전에 불확실한 확률(생명의 존재를 허락하지 않았던)의 상태로 머물러 있었다면, 관찰이 시작돼 우주가 현실로 붕괴됐을 때 우주는 필연적으로 스스로를 붕괴시킨 관찰을 허용하는 상태로 머물러 있었던 것이다. 우주에 관한 골디락스의 신비는 이와 같은 생물중심주의의 설명으로 사라진다. 그리고 우주와 우주를 존재하게 만든 생명의 역할이 비로소 뚜렷하게 드러난다.

이제 우리는 우주가 모든 다른 형태를 취할 수 있었음에도 생명을 허용하기 위해 적절한 형태를 택했다는 부정할 수 없는 사실에 대해 기적과도 같은 우연을 가정하거나 아니면 생물중심적인 존재로서 필연적으로 드러나는 형태의 우주를 가정해야 한다. 하지만 그 어떤 값을 취할 수 있었음에도 기적적으로 우연히 생명에 적합한 값을 취했다고 하는 무작위 당구대의 관점은 지극히 어리석은 것으로 보인다.

만약 위의 두 가지 관점 모두 터무니없어 보인다면 다른 대안을 고려해볼 수도 있겠다. 현대 과학이 우리에게 믿음을 요구하는 또 하나의 개념으로, 생명 탄생을 위해 정교하게 설계된 우주가 절대적 무로부터 갑작스럽게 튀어나왔다는 주장이 있다. 그러나 상식적인 사람이라면 이와 같은 허무맹랑한 주장을 받아들이기 힘들 것이다.

지금까지 과학은 138억 년 전 수백만 톤의 수백만 조에 달하는 물질이 어떻게 갑자기 무로부터 탄생했는지 그럴듯한 설명을 내놓았는가? 스스로 움직이지 못하는 탄소와 수소, 산소 원자들이 어떻게 우연한 결합을 통해 감각과 의식을 갖추게 되고, 이를 통해 핫도그나 파란색을 좋아하는 고유한 취향을 드러내게 되었는지 적절한 설명을 제시했는가? 그 어떤 분자 혼합기가 수십억 년 동안 자연적인 무작위 과정을 통해 딱따구리나 조지 클루니를 만들어냈단 말인가? 우리는 우주의 끝을, 또는 무한을 인식할 수 있는가? 입자는 어떻게 무로부터 탄생하는가? 그리고 우리는 우주가 근본적으로 서로 맞물린 끈과 고리로 이뤄지기 위해 모든 곳에 존재해야 하는 추가적인 요소를 인식할 수 있는가? 또는 평범한 원소들이 어떻게 자발적인 조합을 통해 자기 자신을 인식하고, 마카로니 샐러드를 싫어하는 존재로 탄생하게 되었는가? 그리고 다시 한 번 말해서, 모든 힘과 상수는 생명이 존재할 수 있도록 어떻게 그토록 정교하게 설계됐는가?

이러한 물음을 던질 때, 우리는 과학의 모든 노력이 그저 근본적인 차원에서 우주를 설명하려는 행세에 불과하다는 사실을 깨닫게 된다. 과학은 물질에 대한 잠정적인 역학을 제시하고 신비스런 기계를 개발함으로써 전체로서 우주의 본질에 대한 진정한 '설명'을 외면해왔다. 고해상도 TV와 전기 바비큐 그릴을 안겨다주지 않았더라면 과학은 지금까지 사람들의 관심을 붙잡지 못했을 것이다. 마찬가지로 의식 기반의 우주가 대중적인 설득력을 얻으려면, 친숙한 이론으로 사람들에게 지속적으로 다가서야 할 것이다.

자, 이제 새로운 생물중심주의 원칙을 추가하자.

생물중심주의 제1원칙 ▼

우리가 생각하는 현실은 의식을 수반하는 과정이다.

생물중심주의 제2원칙 ▼

내적 지각과 외부 세상은 서로 얽혀 있다. 둘은 동전의 앞뒷면과 같아서 따로 구분할 수 없다.

생물중심주의 제3원칙 ▼

아원자를 비롯한 모든 입자와 사물의 움직임은 관찰자와 긴밀하게 얽혀 있다. 관찰자가 없을 때, 입자는 기껏해야 확률 파동이라는 미정된 상태로밖에 존재하지 않는다.

생물중심주의 제4원칙 ▼

관찰자가 없을 때 '물질'은 확정되지 않은 확률 상태에 머물러 있다. 의식 이전에 우주는 오로지 확률로만 존재한다.

생물중심주의 제5원칙 ▼

생물중심주의를 통해서만 우주의 본질을 설명할 수 있다. 우주는 생명 탄생을 위해 정교하게 설계됐다. 이러한 접근방식은 생명으로 인해 우주가 존재하게 되었다는 생각과 조화를 이룬다. 우주는 그 자체로 완벽한 시공간적 논리다.

시간은 허상이다

시공을 초월한 기묘하고 낯선 장엄한 곳으로부터.

_에드거 앨런 포

양자 이론은 우리가 알고 있는 시간의 존재에 대해 끊임없이 의문을 던진다. 이제 우리는 너무도 오래된 과학의 주제인 시간의 문제로 들어가볼 것이다. 우리의 일반 상식과는 달리, 시간의 존재 또는 부재는 우주를 탐험하기 위한 중요한 요소다.

그런데 생물중심주의 관점에서 보자면, 일방통행으로 흘러가는 시간에 대한 우리의 인식은 부드럽고 지속적으로 이어지는 것처럼 보이는 무한한 행위와 결과로 이뤄진 세상에 대한 기계적인 관여로부터 비롯된 것이다.

매순간 우리는 '화살' 패러독스의 맨 끝에 서 있다. 화살 패러독스는 지금으로부터 2,500년 전에 엘레아학파 철학자 제논(Zenon)이 제시했다. 제논은 하나의 사물이 동시에 두 장소에 존재할 수 없다는 전제를 바탕으로, 화살은 반드시 특정한 시점에 특정한 위치에 존재해야 한다고 생각했다. 이를 위해 화살은 순간적으로 정지해야 한다. 다시 말해, 특정한 순간에 궤도상 특정한 지점에 멈춰 있어야 한다. 이러한 식으로 생각하면 화살의 궤적은 흐름이 아니라 개별적인 지점의 집합이라 볼 수 있다. 그리고 이러한 생각은 아마도 시간의 일방통행이 외부 세상의 고유한 특성이 아니라, '관찰 대상을 하나로 엮을 때' 우리 안에 존재하게 되는 관념의 특성임을 말해준 최초의 지적이었다. 이러한 사고방식에 따르면 시간은 객관적 현실이 아니라 우리 마음의 기능이다.

철학자와 물리학자들은 이미 오래전부터 시간의 개념에 의문을 품었다. 철학자들은 과거란 마음속에서 개념으로서만 존재하는 것이며 지금 이 순간에만 떠올릴 수 있는 신경회로적 사건이라고 설명했다.

그리고 미래 역시 생각과 추측으로 이뤄진 정신적 산물에 불과하다고 말한다. 생각은 그 자체로 '지금 이 순간' 일어나는 사건이다. 그렇다면 시간은 어디에 있는가? 시간은 인간의 생각과 독립적으로 존재하는가? 아니면 일반화를 위한, 또는 움직임이나 사건을 설명하기 위한 도구에 불과한 것인가? 철학자들은 이러한 질문을 통해 시간이 우리의 생각이 일어나는 '영원한 지금'과는 별개의 존재라는 주장에 의문을 던졌다.

다음으로 물리학자들은 뉴턴의 법칙에서 아인슈타인의 양자 역학을 기반으로 하는 장 방정식(Field Equation)에 이르기까지 세상을 설명하는 모든 기존 이론에서는 시간 개념이 필요하지 않다고 생각했다. 이들 모두 시간을 기준으로 대칭적이다. 시간은 가속도처럼 변화를 설명하는 경우를 제외하고 순수하게 기능적인 개념이다. 그러나 나중에 다시 살펴보겠지만, 변화[일반적으로 그리스 대문자 델타(Δ)로 표기하는]가 곧 시간인 것은 아니다.

일반적으로 시간을 '네 번째 차원'이라고 한다. 그러나 시간은 우리가 일상적으로 경험하는 3차원의 공간과 닮은 구석이 하나도 없다는 점에서 이러한 표현은 놀랍다. 우리가 알고 있는 기본적인 기하학에 대해 한번 생각해보자.

가장 먼저 '선(Line)'이 있다. 선은 끈 이론을 제외하고 1차원으로 존재한다. 끈 이론에 따르면, 에너지 또는 입자의 실(thread)이 좌표로 표시할 수 없는 지점으로 가늘게 뻗어 있으며, 원자에 대한 실의 두께는 대도시 속의 광자만큼 무시할 정도로 작다.

다음으로 '면(Plane)'이 있다. 면은 바닥에 드리운 그림자와 같다. 그리고 너비와 길이로 이뤄진 2차원으로 존재한다.

마지막으로 '입체(Solid)'가 있다. 구나 정육면체를 비롯한 다양한 입체는 3차원으로 존재한다. 사람들은 흔히 '실재의' 구나 정육면체가 시간의 차원에서 지속적으로 존재하기 위해서 4차원이 필요하다고 생각한다. 사물이 지속적으로 존재하고 변화하기 위해서는 3차원의 공간 좌표 외의 '또 다른' 차원이 필요하며, 우리는 그 차원을 일컬어 시간이라 부른다. 그렇다면 시간은 개념인가, 아니면 실재인가?

과학의 시각으로 볼 때, 시간은 열역학 분야에서 필수적인 요소다. 시간이 없으면 열역학 제2법칙도 아무런 의미가 없다. 그 법칙은 '엔트로피(entropy, 옷장이 낡아가는 것처럼 구조의 밀도가 옅어지는 과정을 의미하는 개념)'를 설명한다. 엔트로피는 시간 없이는 일어날 수도 이해할 수도 없는 과정이다.

유리잔에 탄산음료와 얼음이 담겨있다고 해보자. 처음에 이 잔은 탄탄한 구조를 유지한다. 얼음과 액체 그리고 기포가 서로 독립적으로 존재한다. 그리고 각각 온도가 다르다. 그러나 시간이 지나면서 얼음은 녹고 탄산은 사라진다. 결국 처음의 구조가 허물어지면서 유리잔에는 물밖에 남지 않는다. 물의 증발을 막는다면 더 이상 변화는 일어나지 않는다.

구조와 활동성에서 출발해서 동질성과 무작위 그리고 비활성으로 이르는 과정이 바로 엔트로피다. 엔트로피는 우주 전반에 걸쳐 보편적으로 확산된다. 우리는 태양이 열과 아원자 입자를 기온이 낮은 외부 세상으로 방출하는 과정에서 엔트로피를 확인할 수 있다. 기존 구조가 서서히 허물어지는 엔트로피 과정은 우주에서 가장 거대한 규모로 그리고 일방통행의 방식으로 이뤄진다.

과학에서 엔트로피 개념은 시간의 이러한 방향성을 전제로 한다. 엔트로피는 그 자체로 비가역적 메커니즘이다. 사실 엔트로피는 흐름으로서의 시간에 대한 정의다. 엔트로피가 없다면 시간은 존재할 필요가 없다.

그러나 많은 물리학자들은 엔트로피와 관련해 이와 같은 '전통적 지혜'에 의문을 던졌다. 우리는 엔트로피를 시간의 구체적 방향성을 드러내는 구조의 해체가 아니라, 무작위적인 움직임이 나타나는 현상으로 볼 수 있다. 물질은 움직인다. 분자도 움직인다. 그리고 그 움직임은 지금 이 순간 일어난다. 또한 아무렇게나 일어난다. 얼마 후 관찰자는 초기 구조가 해체됐다는 사실을 확인한다. 우리는 이러한 움직임을 반드시 시간으로 설명해야 할까? 이처럼 무작위한 엔트로피를 시간의 허구성을 드러내는 사례로 삼아서는 안 되는 것일까?

방 두 개가 인접해 있다고 해보자. 하나는 산소로 다른 하나는 질소로 가득 차 있다. 이제 두 방 사이의 문을 열고는 한 주 뒤에 돌아온다. 아마도 두 방 전체에 질소와 산소가 균등하게 섞여 있을 것이다. 우리는 이러한 상황을 어떻게 해석해야 할까? '엔트로피' 관점에 따르면 초기의 뚜렷한 구분이 '시간에 따라' 옅어지면서 무작위한 상태에 이르렀다. 이는 비가역적인 과정으로서 시간의 일방통행 특성을 뚜렷이 드러낸다. 반면, 두 기체 분자들이 이동했다고 설명할 수 있다. 이동은 시간에 따른 것이 아니다. 분자들은 이동했고 그에 따라 완전한 혼합이 이뤄졌다. 그뿐이다. 그 밖에 다른 요소는 우리가 질서를 부여하기 위해 인위적으로 추가한 개념에 불과하다.

이러한 관점으로 보게 된다면, 엔트로피 과정이나 구조의 해체는 패턴과 질서를 파악하려는 우리 마음의 특성에 따른 것이다. 그리고 시간이란 어떻게든 실체로 인정하려는 과학의 절박한 요구로부터 비롯된 것이다.

사실 시간의 본질은 대단히 오래된 논의 주제다. 이에 대한 수많은 대답은 우리를 어지럽게 만든다. 많은 이론이 물리적 세상에서 다양한 차원을 가정한다. 어떠한 관점에서 시간은 실제로 존재하는 것처럼 보이지만(가령 생명체의 삶에서), 또 다른 관점에서는 아무런 의미가 없어 보인다(양자의 미시 세상에서). 그러나 여기서 정작 중요한 것은 이러저러한 것처럼 '보인다'는 것이다.

한 가지 흥미로운 이야기를 덧붙이자면, 지난 20~30년 동안 시간을 연구한 물리학자들은 사물이 존재하기 위해 형태를 갖춰야 하는 것처럼 시간이 존재하려면 '방향'을 갖춰야 한다는 사실을 깨달았다. 이러한 생각은 흐름을 돌릴 수 있는 '시간의 화살'을 떠올리게 만든다. 예전에 스티븐 호킹은 "우주가 수축을 시작하면 시간은 거꾸로 돌아갈 것"이라 말했다. 물론 그는 이후에 생각을 바꿨다. 하지만 시간을 되돌린다는 아이디어(애초에 논의 주제가 될 수 없었던)는 예전처럼 터무니없는 생각만은 아니다.

결과가 원인을 앞설 수 없다는 점에서 우리는 가역적인 시간의 화살이라는 개념을 받아들이지 않는다. 그건 말도 안 되는 소리다. 그럴 수 있다면, 끔찍한 자동차 사고에서 다친 사람들이 말끔히 낫고 차량도 완벽하게 복원될 것이다. 하지만 이러한 아이디어는 현실적으로 아무런 도움이 되지 못하는 허무맹랑한 생각일 뿐이다. 시간이 나중에 거꾸로 거슬러 올라올 것이라고 믿는 사람은 운전 중에 휴대전화를 더욱 마음껏 사용할 것이다.

이러한 지적에 대한 일반적인 반론은 시간이 거꾸로 흐르기 시작할 때, 우리의 인지 과정을 포함한 모든 것들이 반대 방향으로 거슬러 올라갈 것이며, 그렇기 때문에 우리는 어떠한 이상한 점도 발견하지 못할 것이라는 주장이다.

하지만 시간의 본질이 생물중심적 허구, 즉 특정한 기능을 위해 생명체의 두뇌 회로 속에서 실용적 도구로 작동하는 생물학적 발명품에 불과한 것으로 밝혀지면서 다행스럽게도 시간을 둘러싼 쓸모없는 논쟁이 끝나가고 있다.

제논의 화살 패러독스를 이해하기 위해 양궁 대회를 촬영한 영상을 보고 있다고 해보자. 선수가 시위를 놓자 화살이 날아간다. 중계 카메라는 활에서 과녁에 이르기까지 궤적을 정확히 따라간다. 그런데 갑자기 화면이 멈추면서 화살이 정지해 있다. 화면 속에는 화살이 공중에 떠 있다. 물론 실제 양궁 대회에서는 이러한 장면을 볼 수 없다. 우리는 정지 화면을 통해 화살의 위치를 정확히 파악할 수 있다. 가령 6미터의 높이로 특별관람석 부근을 지나가는 화살을 확인할 수 있다. 그러나 그 화면에는 움직임에 관한 정보는 없다. 화살은 멈춰 있고 속도는 0이다. 우리는 정지 화면에서 화살의 이동 경로를 확인할 수 없다. 그 궤적은 불확실한 상태로 남아 있다.

화살의 위치를 정확하게 측정하기 위해서는 영상을 '정지'시켜 특정 순간의 프레임을 확인하면 된다. 하지만 그러한 프레임에서는 화살의 궤적을 확인할 수 없다. 궤적은 수많은 프레임의 '총합'이기 때문이다. 우리는 위치와 궤적을 동시에 정확하게 확인할 수 없다. 하나가 선명해지면 다른 하나는 흐릿해진다. 궤적이든 위치든 둘 중 하나는 불확실한 상태로 존재한다.

초창기 양자 실험에서 드러난 불확실성은 실험자나 실험 기구와 관련해 기술적 결함이 원인인 것으로 보였다. 즉, 방법론적 차원에서 정교함의 부족이 문제인 것으로 인식됐다. 하지만 머지않아 불확실성의 원인은 우리가 살아가는 현실 안에 존재한다는 사실이 밝혀졌다. 우리는 오로지 우리가 바라보는 것만 확인할 수 있는 것이다.

우리는 생물중심적 관점에서 이 점을 이해할 수 있다. 시간은 공간적인 세상의 모든 '정지' 화면을 움직이게 만들어주는 '내적' 기능이다. 우리의 마음은 영사기처럼 필름을 살아있게 만든다. 모든 정지 화면, 즉 일련의 공간적 상태는 질서 있게 조직화돼 생명의 '흐름'을 만들어낸다. 우리 마음이 '정지 화면'을 연결할 때 움직임이 탄생한다. 지금 이 페이지를 포함해 우리가 관찰하는 모든 것이 머릿속에서 활발하게 그리고 끊임없이 재구성되고 있다. 그 과정이 바로 지금 여러분 머릿속에서 일어나고 있다. 안타깝게도 우리의 눈은 머릿속을 들여다볼 수 없다. 시각을 비롯한 모든 경험은 두뇌 안에서 정보가 조직화되면서 일어나는 소용돌이다. 우리의 마음이 순간적으로 '모터'를 멈출 때, 화살의 영상이 멈춘 것처럼 정지 화면이 나타난다. 여기서 우리는 시간을 공간 상태(spatial state)의 내적 총합으로 정의할 수 있다. 그리고 공간은 하나의 프레임에 포착된 위치로 정의할 수 있다. 이러한 점에서 '공간을 통한 움직임'이라는 말은 자체로 모순 어법이다.

하이젠베르크의 '불확정성 원리(uncertainty principle)'의 전제는 위치(공간 좌표)는 외부 세상에, 움직임('정지 화면'을 연결하는 시간적 요소를 수반하는)은 내부 세상에 속한다는 것이다. 과학자들은 물질의 본질을 파고들어 우주를 근본적인 논리로 바꿔놓았다. 시간은 더 이상 외부 세상의 특성이 아니다. 하이젠베르크는 이렇게 말했다.

"현대 과학은 현실을 정신적 과정으로 이해할 수 있는지에 대해 지금까지와는 다른 대답을 내놓으라고 그 어느 때보다 강한 압박을 받고 있다."

사진을 찍는 상황을 떠올려보자. 사진은 춤을 추는 사람처럼 빨리 움직이는 대상의 특정 순간을 포착한다. 그러나 순간을 담은 사진 속에서 움직임은 사라진다. 하나의 '정지 화면' 뒤에는 또 다른 수많은 '정지 화면'이 줄지어 서 있다. 양자 역학에서 말하는 '위치'는 이러한 사진과 같다. 그리고 움직임은 생명이 창조한 수많은 프레임의 '총합'이다.

프레임은 정지해 있다. 그리고 프레임들 사이에는 아무것도 없다. 우리의 마음은 이러한 프레임을 하나로 잇는다. 샌프란시스코에서 활동했던 사진가 에드워드 마이브릿지(Eadweard Muybridge)는 자신도 모르는 사이에 이러한 마음의 과정을 최초로 재현해 보였다. 영화가 등장하기 전 마이브리지는 필름으로 움직임을 재현하는 데 성공했다. 1870년대 말에 그는 경마 트랙을 따라 24대의 카메라를 설치했다. 그리고 말이 달리면서 끈을 건드릴 때 셔터가 터지도록 설계를 했다. 그리고 이러한 장비를 통해 말의 질주 장면을 연속 프레임으로 포착했다. 여기서도 움직임은 정지 프레임의 집합으로 만들어졌다.

제논의 화살 패러독스는 2,500년 후에야 그 정당성을 인정받았다. 제논을 위시한 엘레아학파의 주장이 옳았던 것이다. 하이젠베르크 역시 옳았다. 그는 이렇게 말했다.

"우리가 관찰할 때만 궤적은 존재한다."

생명이 없으면 시간도 움직임도 없다. 현실은 발견될 때까지 고유한 특성을 갖고 '외부에' 존재하는 것이 아니라, 관찰자의 관찰 행위에 의해 존재하게 된다.

시간의 실체적 존재를 믿는 이들은 논리적 차원에서 시간 여행이 가능하다고 생각한다. 실제로 몇몇 학자들은 양자 이론을 기반으로 그러한 주장을 펼치고 있다. 하지만 시간 여행의 가능성 또는 우리가 살아가는 현실과 평행하게 존재하는 또 다른 현실의 가능성을 진지하게 연구하는 과학자는 많지 않다. 이러한 주장은 기존의 물리 법칙을 위배한다는 사실 이외에 여러 다양한 문제에 직면해 있다. 시간 여행이 정말로 가능하다면, 그래서 사람들이 과거로 여행을 떠날 수 있다면, 그들은 어디에 존재하는 것일까? 아직까지 우리는 미래에서 왔다는 사람을 만난 적이 없다.

시간의 속도는 주관적으로도 그리고 객관적으로도 달라진다. 우리는 망원경을 가지고 시간이 상대적으로 느리게 흘러가는 곳을 바라볼 수 있다. 또한 수십억 년 전에 벌어진 사건을 관찰할 수 있다. 시간의 본질은 소시지 내용물만큼이나 알기 어렵다.

간단한 사고 실험으로 시간의 변형에 대해 생각해보자. 지금 우리는 로켓을 타고 지구를 벗어나고 있다. 로켓 아래에 난 창문을 통해 망원경으로 내려다보니 발사대 주변에 모여 성공을 축하하며 박수를 치고 있는 사람들이 보인다. 로켓이 지구로부터 멀어지면서 사람들의 이미지는 우리 눈에 도달하는 거리가 점점 더 멀어진다. 그리고 도달하는 시간도 길어진다. 영상 '프레임'이 점점 늦게 도착하면서 사람들의 모습이 슬로 모션으로 보인다. 마치 억지로 박수를 치는 듯한 모습이다. 눈에서 멀어지는 모든 것은 바로 이렇게 보인다. 실제로 우주 속 거의 모든 것들이 지구로부터 멀어지고 있기 때문에, 우리가 바라보는 우주는 저속 영상과도 같은 것이다. 다시 말해 우주에서 일어나는 대부분의 사건은 왜곡된 시간의 틀에서 전개되고 있는 셈이다.

이는 빛의 속도를 측정했던 원리이기도 하다. 200년 전 덴마크 천문학자 올레 뢰머(Ole Rømer)는 목성 위성들의 속도가 6개월 주기로 느려지는 현상을 확인했다. 그리고 그 원인이 태양계에서 지구가 그 위성들로부터 멀어지기 때문이라는 사실을 밝혀냈다. 또한 이러한 현상을 통해 빛의 속도를 25퍼센트 오차 범위 내로 측정해냈다. 반대로 목성 위성들의 속도는 나머지 6개월 동안 더 빨라지는 것으로 보였다. 마찬가지로 외계인이 지구를 향해 빠른 속도로 날아온다면 그들은 우리가 살아가는 모습을 마치 찰리 채플린 영화처럼 고속 모드로 보게 될 것이다.

이처럼 대단히 속도가 빠르거나 중력장이 강력한 상황에서는 착각을 불러일으키는 필연적인 왜곡과 함께 시간이 실제로 느려진다. 이러한 현상은 늦게 귀가한 불륜 배우자의 핑계처럼 정교한 거짓말로 넘어갈 수 있는 문제가 아니다. 그야말로 극단적으로 기이한 문제인 것이다.

일반적으로 이러한 '시간 지연(time dilation)' 효과는 극히 미미하다. 그러나 빛의 속도에 근접할 때 놀라운 일이 벌어진다. 가령 광속의 98퍼센트로 이동할 때, 시간의 흐름은 절반으로 느려진다. 그리고 99퍼센트일 때에는 7분의 1로 느려진다. 이는 이미 검증된 사실이다. 가설이 아니라 진실이다. 지구 외부에서 날아온 방사선이 대기권 상층부의 공기 입자와 충돌할 경우, 포켓볼 게임을 시작할 때 삼각형으로 모여 있는 당구공이 순간적으로 흩어지는 것처럼 공기 입자들은 광속에 근접한 속도로 지표면으로 떨어진다. 그리고 일부는 인간의 몸으로 침투해 유전자 관련 물질을 변형시켜 질병을 일으키기도 한다.

사실 이들 입자는 인간에게 피해를 입힐 수 없다. 가령 뮤온(muon) 입자는 생명이 아주 짧아서 100만 분의 1초 만에 사라진다. 즉, 지표면에 도달하기 전에 종적을 감춘다. 하지만 광속에 가까운 속도로 이동하면서 시간이 느려진다면 이야기는 달라진다. 시간의 왜곡된 판타지 세상이 펼쳐지면서 이들 입자는 우리의 몸까지 도달하게 된다. 그래서 우리의 가설과는 다른 결과가 나타난다. 그 짧은 순간에 이들 입자는 치명적인 독성을 우리에게 안긴다.

광속의 99퍼센트로 날아가는 로켓에 타면 시간은 7배 느려진다. 로켓 안에서 10년을 보내고 나면 우리는 열 살을 더 먹는다. 하지만 지구로 귀환했을 때, 70년의 세월이 흘렀다는 사실을 발견하게 된다. 우리를 반겨줄 오랜 친구들 모두 이미 세상을 떠났다(시간이 느려지는 정도를 계산하려면 부록 1에서 소개하는 로렌츠 변환을 참조).

예상을 했음에도 우리는 충격에 빠질 것이다. 다른 승무원들과 함께 10년 여행을 하는 동안 지구에서는 70년이 흘렀다. 여기서 이론은 아무런 의미가 없다. 우주여행에서 돌아오니 한 사람의 평생에 가까운 시간이 흘러가버렸다. 이제 우리는 어느 쪽의 시간이 표준인지 혼란에 빠진다. 어느 쪽 세상 사람들이 더 빨리 또는 더 느리게 늙어가야 하는지 누가 결정할 수 있단 말인가? 우주선이 정지해 있고 대신 지구가 멀어졌다 다가온 것이라고 생각할 수는 없는가? 그렇다면 지구 쪽 사람들이 더 천천히 늙어가야 하는 게 아닌가? 이러한 질문에 대해 물리학은 이렇게 말한다.

대답은 우리가 더 오래 살아남았다는 사실에서 찾을 수 있다. 우주여행을 하는 동안 가속과 감속을 경험한 것은 지구의 동료들이 아니라 우리였다. 이러한 점에서 여행을 한 쪽은 분명하게도 지구가 아니라 우리였다. 여기에는 어떤 패러독스도 없다. 시간이 느려지는 현상을 경험하는 것은 여행을 한 쪽이다.

일찍이 아인슈타인은 시간의 흐름이 느려지면서 거리는 줄어든다고 설명했다. 이는 어느 누구도 예측하지 못했던 현상이다. 광속의 99.99999999퍼센트로 은하계 중심으로 날아갈 때, 시간의 흐름은 2만 2,360배 느려진다. 우주선에서 1년을 보내는 동안 지구에서는 223세기가 흘러가버린다. 2년의 왕복 여행을 마치고 지구로 돌아왔을 무렵이면 무려 446세기가 흘러가버렸을 것이다. 물론 여행자의 입장에서 시간은 똑같은 속도로 흘렀다. 하지만 은하계 중심까지 거리는 1광년으로 줄어들었다. 만약 광속으로 여행할 수 있다면 우리는 우주 어디라도 순간적으로 이동할 수 있다. 광자가 인식 능력을 갖고 있다면 바로 그러한 경험을 할 것이다.

이 모든 이야기는 상대성에 관한 것이다. 즉, 자신이 경험한 시간과 다른 사람이 경험한 시간의 차이에서 비롯되는 것이다. 이러한 시간의 상대성은 시간이 결코 상수가 아님을 의미한다. 그리고 시간이 환경에 따라 달라질 수 있다는 것은 광속이나 중력 상수처럼 우주의 근본적인 부분이 아니라는 말이다.

시간이 객관적인 현실에서 주관적인 경험이나 허구 또는 사회적 관습으로 물러선다는 생각은 생물중심주의에서 대단히 중요하다. 도구적 유용성이나 일상적으로 합의된 편의성으로서의 의미 외에도 시간의 궁극적인 비실재성은 '외적 우주'를 가정하는 기존의 접근방식에 의문을 제기하는 또 하나의 사례다.

물론 시간이 편리한 도구이자 생물학적 메커니즘이라고 결론을 짓는다고 해도, 우리는 한 걸음 물러서서 무한히 분할 가능한 시간의 실체에 대해 곰곰이 생각해볼 수 있다. 아인슈타인은 시공간에 대한 자신의 개념을 바탕으로 시간과 속도 및 중력에 따른 시공간 왜곡과 무관하게 사물의 움직임을 이해할 수 있는지 보여주고자 했다. 그리고 진공 상태에서 빛은 주변 환경 및 관찰자와 무관하게 일정한 속도로 이동하는 반면, 거리나 길이 또는 시간에는 그러한 불변성이 없다는 사실을 확인했다.

모든 것에 질서를 부여하려는 강한 습성을 지닌 우리 인간은 사회적·과학적으로 중요한 사건을 시공간의 연속체 위에 배열한다. 가령 우주는 138억 년 전에, 그리고 지구는 46억 년 전에 탄생했다. 호모 에렉투스는 몇 100만 년 전에 등장했고, 농업은 몇 10만 년 전에 시작됐다. 또한 400년 전에는 갈릴레오가 코페르니쿠스 지동설을 지지했고, 1800년대 중반에 다윈은 갈라파고스 섬에서 진화론을 구상했다. 아인슈타인은 1905년에 스위스 특허청에서 특수 상대성 이론을 완성했다.

뉴턴과 다윈 그리고 아인슈타인이 제시한 기계론적 우주 속에서 시간은 사건을 기록하는 노트다. 우리는 시간이 일방통행의 연속체이며 언제나 미래를 향해 쌓여가는 흐름이라고 생각한다. 그것은 인간이 다른 동물들과 마찬가지로 선형적인 방식으로 생각하도록 태어난 존재이기 때문이다. 시간은 친구와의 약속이나 화분에 물을 주는 것처럼 일상적인 사건을 기록하는 노트다. 우리 이웃집 아줌마 바바라는 남편이 살아있는 동안 함께 소파를 썼다. 두 사람은 거기서 책을 읽고, TV

를 보고, 젊은 시절에 포옹을 나눴다. 그 소파는 지금 다른 골동품과 함께 아줌마 집 거실에 덩그러니 놓여 있다.

이제 시간이 객관적 현실이 아니라 LP 레코드와 같다고 상상해보자. 음악을 듣는 행위는 기본적으로 LP 레코드에 영향을 미치지 않는다. 우리는 바늘 위치를 조정해 특정한 트랙의 음악을 감상할 수 있다. 지금 스피커에서 흐르는 음악은 현재에 해당한다. 그리고 이전 트랙과 나중 트랙은 과거와 미래를 의미한다. 이러한 방식으로 우리의 삶을 들여다보자. LP에 기록된 모든 트랙은 동시에 존재하지만 우리는 한 번에 하나씩밖에 경험할 수 없다. 영화 〈스타더스트(Stardust)〉처럼 마음대로 시간을 건너뛸 수는 없다. 그것은 우리가 시간을 선형적으로밖에 경험할 수 없기 때문이다.

만약 바바라 아줌마가 자신의 삶 전체(LP 레코드)에 마음대로 접근할 수 있다면, 모든 현재를 비선형적인 방식으로 경험할 수 있을 것이다(갓난아기와 십대, 그리고 2006년에 쉰 살이 된 나를 동시에 만나면서).

아인슈타인도 결국에는 이렇게 인정했다.

"베소(오랜 친구)는 나보다 조금 앞서 이처럼 기묘한 세상을 떠났다. 우리 모두는 안다… 과거, 현재, 미래의 구분은 끈질기게 남아 있는 환상의 산물이라는 것을."

시간이 불변의 속도로 날아가는 화살이라는 생각은 우리 두뇌가 만들어낸 것이다. 그리고 우리가 그러한 시간의 흐름 중심에서 살아가고 있다는 생각은 환상이다. 또한 은하계와 태양, 지구로 이어진 사건들의 비가역적 연속체가 존재한다는 것 역시 거대한 착각에 불과하다. 시간과 공간은 생명체가 주변 환경을 이해하기 위해 활용하는 근본적인 개념이다. 그게 전부다. 거북이가 껍질 속에 살 듯 우리는 언제나 그러한 개념 속에 산다. 그러나 생명체와 무관하게 사건이 일어나는 객관적인 외부 세상이란 존재하지 않는다.

이제 보다 근본적인 물음으로 돌아가보자. 바바라 아줌마는 시간의 정체에 대해 알고 싶어 했다.

"원자시계처럼 시간을 정확하게 측정하는 첨단 장비가 있다고 들었어. 그런 장비가 있다면 시간이 실제로 존재한다는 뜻 아닐까?"

대단히 중요한 질문이다. 우리는 휘발유를 리터나 갤런 단위로 측정하고 이를 기준으로 요금을 지불한다. 그렇다면 여기서도 우리는 실제로 존재하지 않는 휘발유를 측정하는 것일까?

사실 아인슈타인은 이 문제를 대수롭게 생각하지 않았다. 그는 이렇게 말했다.

"시간이란 시계로 측정하는 대상이며, 우주는 자로 측정하는 대상이다."

물리학자에게 중요한 것은 '측정'이다. 하지만 이 책에서 강조하는 것처럼 관찰자인 '우리' 역시 마찬가지로 중요하다. 시간을 중요한 문제라고 생각한다면, 시간을 측정하는 장비가 어떻게 시간의 물리적 실체를 뒷받침할 수 있는지에 대해 고민해보자.

시계는 리듬을 활용하는 기계다. 즉, 반복적인 메커니즘을 기반으로 작동하는 도구다. 인간은 이러한 도구를 활용해 지구의 자전과 같은 다양한 활동을 측정했다. 그러나 이러한 행위는 '시간' 자체를 측정한 것이 아니라 다양한 활동을 비교한 것에 불과하다. 구체적으로 설명하자면, 인류는 오랜 세월 동안 태양과 달의 주기 또는 나일강의 범람 등 자연 속에서 주기적으로 일어나는 사건을 관찰했다. 그리고 반복적인 메커니즘을 기반으로 하는 다양한 도구를 개발해 그러한 사건들을 비교하고 상관관계를 기록했다. 주기적이고 반복되는 사건일수록 측정이 용이하다.

가령 1미터 줄에 달린 추는 정확하게 1초에 한 번 왕복 운동을 한다. 사실 1미터의 정의도 그렇게 이뤄졌다['미터(meter)'에는 '측정하다(measure)'라는 의미가 담겨있다]. 오랜 세월이 흘러 약한 전류를 흘려보낼 때 1초에 정확하게 3만 2,768회 진동하는 수정진동자(quartz crystal)를 활용한 시계가 등장해서 큰 인기를 끌었다. 오늘날 대부분의 손목시계가 쿼츠라고 불리는 이 기술을 활용한다. 우리는 이처럼 반복 메커니즘을 기반으로 개발된 장치를 '시계'라 부른다.

시계의 메커니즘은 일정한 속도로 이뤄진다. 해시계처럼 메커니즘의 주기가 아주 긴 형태도 있다. 해시계는 태양이 만들어내는 그림자의 길이와 위치를 지구의 자전과 비교한다. 또한 온도에 따라 크기가 미세하게 변하는 눈금판과 톱니바퀴로 돌아가는 일반적인 형태의 기계적 시계보다 훨씬 더 정교한 원자시계도 있다. 원자시계에서 세슘 원자는 1초에 정확하게 9,192,631,770번 진동한다. 공식적으로 현대 과학은 세슘-133의 핵이 특정한 수만큼 진동하는 데 걸리는 시간을 1초로 정의한다. 시계와 관련된 모든 사례에서 인간은 특정한 사건의 주기적 메커니즘을 기준으로 다양한 사건을 측정한다. 하지만 측정 대상이 어디까지나 '사건'이지 '시간'이 아니라는 점을 명심해야 한다.

자연에서 반복적으로 일어나는 모든 사건은 시간을 측정하는 기준이 된다. 밀물과 썰물, 태양의 자전, 달의 일그러짐은 대표적인 사례다. 시계만큼 정확하지는 않다고 해도 일상적으로 일어나는 사건들 역시 활용이 가능하다. 가령 얼음이 녹거나 아이들이 자라고, 땅에서 사과가 썩는 것과 같은 사건이 그렇다.

인위적인 사건도 가능하다. 예를 들어 팽이가 그렇다. 가령 팽이가 도는 것과 더운 날에 사각 얼음의 녹는 것을 비교할 수 있다. 또는 얼음이 녹는 동안 팽이를 몇 번 돌릴 수 있는지 측정해볼 수도 있다. 사각 얼음 하나가 녹는 동안 팽이를 스물네 번 돌렸다고 해보자. 그러면 얼음이 녹는 것을 '하루'로, 팽이가 도는 것을 '한 시간'으로 정의할 수 있다. 그렇다면 나는 얼음 두 개 반이 녹은 뒤에, 또는 팽이를 예순 번 돌린 뒤에 바바라 아줌마를 만나서 차를 마시겠다는 계획을 세울 수 있다. 우리가 어떤 방법을 선택하느냐는 어떤 '시간 조각(time piece)'을 보다 손쉽게 활용할 수 있느냐에 달렸다. 여기서 우리는 변화하는 사건 이외에 일어난 것은 아무것도 없다는 사실을 이해하게 된다.

시계라는 장치가 존재한다는 점에서 우리는 시간이 물리적 실체로 존재한다고 생각한다. 시계는 식물이 싹을 틔우거나 사과가 썩는 것보다 더 주기적이고 일관적이다. 그러나 현실에서 일어나는 것은 사건뿐이다. 그리고 그 사건은 궁극적으로 지금 이 순간에만 일어날 수 있다. 물론 일반적으로 합의된 사건(가령 시간을 측정하는 모든 장비가 저녁 8시를 가리키는)은 우리가 즐겨보는 TV 프로그램처럼 '또 다른' 사건의 시작을 알려주는 유용한 기능을 하기 때문에 우리는 시간이라는 도구를 활용한다.

우리는 또한 시간 흐름의 맨 앞에서 살아간다고 느낀다. 이러한 생각으로부터 우리는 심리적 위안을 얻는다. 우리 자신이 지금 이 순간 존재하는 세상 속에 있다는 사실을 확인할 수 있기 때문이다. 시간의 맨 앞 너머에 있는 내일은 아직 오지 않은 미래다. 미래는 우리 눈앞에 모습을 드러내지 않았다. 인류의 후손은 아직 태어나지 않았다. 거대한 미스터리가 우리를 기다린다. 생명은 우리 자신보다 훨씬 앞서 시작됐고 지금 우리는 시간이라는 열차의 맨 앞 칸에 타고 있다. 그리고 그 기차는 알려지지 않은 미래를 향해 끊임없이 나아간다. 맨 앞 칸 뒤에는 식당 칸과 특실, 승무원 차량이 달려 있다. 그 뒤로는 결코 돌아갈 수 없는 기나긴 철도가 아득히 이어져 있다. 지금 이 순간 이전의 모든 것은 우주 역사의 일부다. 한 번도 마주친 일이 없는 우리의 선조들은 이미 죽어서 사라졌다. 이 순간 이전의 모든 것은 과거이며 과거는 영원 속으로 사라졌다. 그러나 우리가 시간의 맨 앞 칸에 타고 있다는 주관적인 느낌은 환상에 불과하다. 오늘이 지나고 내일이 찾아오는, 봄이 지나고 여름이 찾아오는 그리고 올해가 지나고 내년이 찾아오는 식으로 자연 현상에 대해 정신적 패턴을 조직하려는 우리 마음의 속임수다. 우리의 습관적 인식이 아무리 강력하다 해도 생물중심주의 세상에서 시간은 선형적으로 흘러가지 않는다.

시간이 정말로 미래를 향해 흘러간다면 우리가 언제나 시간의 맨 앞에서 살아가고 있다는 것은 놀라운 일이 아닌가? 시간이 시작된 이후로 지나간 모든 날을 생각해보자. 그리고 의자를 계속해서 하나씩 수직으로 쌓아서 맨 위에 앉는다고 상상해보자. 혹시 스릴을 좋아한다면, 시간이라는 열차의 맨 앞에 꽁꽁 묶여 있다고 해보자.

과학은 왜 우리가 항상 시간의 맨 앞에서 살아가는지 대답을 들려주지 않는다. 기존 물리학 세계관에 따른다면 우리가 지금 살아있다는 것은 확률적으로 대단히 낮은 우연적 사건이다.

시간에 대한 우리의 인식은 분명하게도 생각이라는 일상적 행위로부터 비롯됐다. 우리는 한 번에 하나씩 생각하고, 이를 통해 과거를 떠올리고 미래를 예측한다. 그러나 갑자기 모든 생각이 사라지는 순간, 또는 급박한 상황이나 생소한 환경으로 정신을 집중해야 하는 순간, 시간은 사라진다. 그리고 그 자리에 황홀한 자유의 느낌이나 위기에서 벗어나려는 강력한 의지가 등장한다. 생각이 사라진 순간에 우리는 시간을 일반적인 방식으로 경험하지 않는다. 사람들은 말한다.

"마치 슬로 모션처럼 장면이 펼쳐졌어요."

결론적으로 생물중심주의 관점에서 생명체를 떠나 독립적으로 존재하는 시간이란 없다. 또한 시간은 생명의 본질적인 측면도 아니다. 바바라 아줌마의 질문을 다시 떠올려보자. 아이들이 크고, 나이가 들고, 사랑하는 사람이 세상을 떠날 때, 시간의 흐름은 우리에게 결코 거부할 수 없는 실체로 다가온다. 아이는 자라 어른이 되고 부모와 함께 나이 들어간다. 그것이 바로 우리가 경험하는 시간이다. 시간은 언제나 우리와 함께한다.

이제 여섯 번째 원칙을 추가하자.

생물중심주의 제1원칙 ▼

우리가 생각하는 현실은 의식을 수반하는 과정이다.

생물중심주의 제2원칙 ▼

내적 지각과 외부 세상은 서로 얽혀 있다. 둘은 동전의 앞뒷면과 같아서 따로 구분할 수 없다.

생물중심주의 제3원칙 ▼

아원자를 비롯한 모든 입자와 사물의 움직임은 관찰자와 긴밀하게 얽혀 있다. 관찰자가 없을 때, 입자는 기껏해야 확률 파동이라는 미정된 상태로밖에 존재하지 않는다.

생물중심주의 제4원칙 ▼

관찰자가 없을 때 '물질'은 확정되지 않은 확률 상태에 머물러 있다. 의식

이전에 우주는 오로지 확률로만 존재한다.

생물중심주의 제5원칙 ▼

생물중심주의를 통해서만 우주의 본질을 설명할 수 있다. 우주는 생명 탄생을 위해 정교하게 설계됐다. 이러한 접근방식은 생명으로 인해 우주가 존재하게 되었다는 생각과 조화를 이룬다. 우주는 그 자체로 완벽한 시공간적 논리다.

생물중심주의 제6원칙 ▼

시간은 생명체를 떠나 독립적으로 존재하지 않으며, 우리가 주변의 변화를 인식하기 위한 도구다.

공간도 허상이다

신이시여! 시간과 공간만 남기고 모두를 멸하소서.
그리고 두 연인이 행복하게 하소서.
_알렉산더 포프

생명체는 세상을 어떻게 이해하는가?

우리는 시간과 공간이 존재한다고 배웠다. 그리고 그 가르침은 일상적인 경험을 통해 강화된다. 다른 곳으로 이동할 때마다 우리는 공간의 존재를 느낀다. 그리고 대부분의 시간 동안 공간에 대한 관념적인 고민을 하지 않고 살아간다. 시간과 마찬가지로 공간은 우리 삶을 이루는 기본 요소다. 이러한 공간에 대한 고민은 걷거나 숨을 쉬는 것에 대한 고민만큼 부자연스럽다.

우리는 이렇게 생각한다.

"공간은 분명히 존재한다. 그 안에서 살고, 걷고, 운전하고, 집을 짓기 때문이다. 미터와 평방미터는 그러한 공간을 측정하기 위한 단위다."

사람들은 "브로드웨이 82번가 반즈앤노블 2층 카페에서 만나자"는 식으로 약속을 정한다. 우리는 시간과 마찬가지로 공간을 나타내기 위해 구체적인 표현을 쓴다. "언제, 어디서, 무엇을"은 우리가 일상 속에서 흔히 쓰는 말이다.

반면 시간과 공간이 생명체의 지각 속에 있으며, 모든 인식과 이해의 근간이라는 말은 쉽게 납득하기 힘든 알쏭달쏭한 주장이다. 우리는 일상적인 경험에서 이러한 주장을 지지하는 증거를 발견하지 못한다. 대신 시간과 공간이 영원하다고 믿는다(또는 소망한다). 시간과 공간은 모든 경험을 연결하는 생명에 따른 부수적 현상이 아니라, 생명을 부양하는 근본적인 환경으로 보인다. 그리고 주관적인 경험을 넘어서 모든 사건이 일어나기 위한 무대인 것처럼 보인다.

우리 인간은 시간과 공간을 바탕으로 주관적인 경험을 생생하게 전달하려는 욕구를 갖고 있다. 역사적으로 인류는 시간과 공간 위에 인물과 사건을 배열함으로써 과거를 정의하고자 했다. 빅뱅과 지질학 또는 진화론과 같은 과학 이론들 모두 공간과 시간을 근간으로 체계를 이룬다. 한 지점에서 다른 지점으로 이동하거나 길가에 주차를 하고 또는 절벽 끝에 다가서는 경험을 통해 우리는 공간을 더욱 생생한 실체로 바라보게 된다.

탁자에 놓인 잔을 잡을 때 우리의 공간 감각은 부드럽게 작동한다. 물을 엎지르는 실수는 거의 없다. 우리 자신을 시간과 공간의 구성 요소가 아니라 '창조자'로 격상하는 사고방식은 상식과 경험 그리고 교육의 가르침에 위배된다. 시간과 공간이 생명체에 내재된 지각적 도구라는 주장은 너무도 충격적이어서, 이를 '직관적으로' 받아들이기 위해서는 중대한 인식 전환이 필요하다.

우리는 시간과 공간이 일반적인 '사물'이 아니라는 사실은 알고 있다. 보고, 느끼고, 먹고, 만지고, 냄새 맡을 수 있는 대상과는 다르다. 시간과 공간에는 쉽게 이해하기 힘든 고유한 특성이 있다. 바닷가에서 주워온 조개껍데기나 자갈처럼 시간과 공간을 탁자 위에 놓아두지는 못한다. 곤충학자가 검사와 분류를 위해 표본을 채집하는 것처럼 물리학자가 시간과 공간을 유리병에 담아 놓는 일은 불가능하다. 시간과 공간에는 다른 무언가가 있다. 그리고 그 이유는 시간이 물리적으로 근본적인 실체가 아니기 때문이다. 시간과 공간은 개념이다. 즉, 고유한 주관적인 특성을 갖고 있다. '시간과 공간은 해석과 이해의 방식이다.' 그리고 생명체가 지각 정보를 가지고 다차원적인 대상을 재현하기 위한 정신적 도구다.

시간과 마찬가지로 공간 역시 인간의 창조물이다. 공간은 인식 가능한 모든 대상이 진열돼 있는 벽이 없는 거대한 용기와 같다. 그러나 아쉽게도 우리는 '의식의 변화'가 일어나는 특별한 순간에만 공간이 사라지는 특별한 경험을 한다. 그때 사람들은 모든 사물이 개체성을 잃어버린다고 말한다.

여기서는 과학적 논리에만 주목하도록 하자. 다양한 사물이 공간에 나열된 장면을 바라볼 때, 우리는 먼저 각각의 사물을 확인하고 마음 속으로 패턴을 그린다.

가령 식탁 위에 놓인 접시와 은수저를 바라볼 때, 우리는 각각을 텅 빈 공간 속에 따로 떨어져 있는 개별적 존재로 인식한다. 그러나 이는 오랜 정신적 습관에서 비롯된 것이다. 이 과정에서 어떠한 신비나 환희는 없다. 접시와 숟가락에는 마술과 같은 구석이 없다. 우리는 색깔과 모양을 기준으로 이들을 개별적인 사물로 인식한다. 또한 포크의 가지(tine) 부위는 이를 일컫는 이름이 따로 있기 때문에 그 자체로 독립된 부분처럼 보인다. 반면 손잡이와 가지를 잇는 곡선 부위를 가리키는 이름은 없기 때문에 우리는 이 부분을 독립적인 존재로 인식하지 않는다.

충격적인 시각적 경험이 우리 마음의 논리를 깨부수는 예외적인 상황에 대해 생각해보자. 그 대표적인 사례로 오로라를 꼽을 수 있겠다. 중앙 알래스카 지역은 세계 최대의 오로라 관측 장소다. 오로라가 펼치는 장관을 직접 본 사람들은 좀처럼 입을 다물지 못한다. 그러나 오로라의 패턴을 가리키는 이름은 따로 없다. 오로라 패턴은 다양한 속도로 끊임없이 변화한다. 사람들은 오로라를 개체로 인식하지 않는다. 범주화라고 하는 표준적인 인식 시스템에 들어맞지 않기 때문이다. 오로라를 바라볼 때, 공간 개념이 사라진다. 사물과 이를 둘러싼 배경이 하나로 합쳐지기 때문이다. 변화무쌍한 오로라의 모습은 환상적인 쇼를 연출한다. 향정신성 약물을 복용하지 않는 한, 우리는 일상 속에서 그러한 시각적 경험을 하지 못한다. 오로라를 바라보는 동안에는 학습된 습관적 인식이 아니라 직접적인 지각이 힘을 발휘한다.

인간의 언어와 관념은 사물의 경계를 결정한다. 그러나 시각적으로 대단히 복잡하거나 화려한 색채와 패턴으로 이뤄진 대상(낙조처럼)을 목격할 때, 우리의 마음은 그 경계를 정의하지 못한다. 그리고 어쩔 수 없이 그와 같은 현상이나 사건 전체에 이름을 붙인다. 우리는 모양과 색깔이 끊임없이 변화하는 광경에 말로 표현하기 힘든 인상을 받는다. 그리고 다만 여기에 낙조라는 이름만 붙인다. 물론 시인이라면 다양한 표현을 떠올릴 수 있겠지만. 우리는 끊임없이 변화하는 여름날 뭉게구름이나 웅장한 폭포를 바라보며 그와 같은 경험을 한다. 구름과 폭포는 공간적인 차원에서 경계를 갖고 있다. 그럼에도 우리는 각각의 형태를 구분하거나 이름을 붙이지 않는다. 그러기에는 너무도 수가 많고 빨리 변하기 때문이다. 그래서 어쩔 수 없이 그러한 장면 전체를 '구름'이나 '폭포'라는 이름으로 부른다. 그리고 일반적인 인식 기준으로 분류하지 않는다. 덕분에 우리는 관념보다 대상 자체에 더 집중할 수 있다. 관광객들은 나이아가라 폭포를 보고 흥분한다. 그것은 압도적인 광경에 잠시나마 관념의 새장으로부터 벗어나기 때문이다. 폭포의 시각적 경험과 마찬가지로 구분이 용이하지 않은 청각적 경험 역시 기존의 범주화에 적합하지 않다.

선불교의 오랜 가르침은 이렇게 말한다.

"이름을 붙이는 순간 색깔은 사라진다."

이 말은 이름을 붙이려는 오랜 인식적 습관이 살아 숨 쉬는 현실을 끊임없는 개념의 흐름으로 대체함으로써 진정한 경험을 방해한다는 뜻이다. 공간 역시 마찬가지다. 공간은 상징을 통해 선명한 이해를 얻기 위해 우리 마음이 활용하는 관념의 도구다.

양자 이론을 다룬 장에서 확인했듯이 경험적 차원에서 명백해 보이는 공간도 결코 객관적인 실체가 아님을 입증한 다양한 실험이 이러한 주관적인 깨달음을 뒷받침한다.

시간과 공간이라는 끝없는 바다?

아인슈타인은 상대성 이론으로 공간은 상수가 아니며, 그래서 본질적으로 독립된 실체도 아니라는 사실을 보여줬다. 그는 극단적으로 빠른 속도로 여행할 때, 공간이 무로 수렴하게 된다고 설명했다. 별을 관찰할 때, 우리는 그 거리가 얼마나 먼지, 그리고 우주가 얼마나 방대한지 놀라게 된다. 최근 100년간 거리는 관찰자에 의해 달라질 수 있으며, 이러한 점에서 공간을 정의하는 객관적인 기준은 존재하지 않는다는 주장이 끊임없이 제기됐다. 이러한 입장은 공간을 부정한다기보다 가변적인 대상으로 받아들인다. 중력이 극단적으로 강한 행성에 살거나, 아주 빠른 속도로 우주여행을 할 경우, 우리가 바라보는 별에 이르는 거리는 완전히 달라진다. 구체적인 수치로 설명해보자. 빛의 속도인 299,792,458m/s의 99퍼센트로 시리우스 항성을 향해 여행한다면, 그 거리는 지구에 남아 있는 동료들의 계산대로 8.6광년이 아니라 1광년으로 보일 것이다. 그리고 그와 똑같은 속도로 길이가 640센티미터인 거실을 가로지른다면, 그 길이는 90센티미터로 줄어들 것이다. 여기에 주목할 점이 있다. 그것은 지구와 시리우스 사이의 거리, 그리고 거실의 길이가 줄어든 것은 우리의 착각이 아니라는 사실이다. 그러한 환경에서 시리우스는 그만큼 멀리 떨어져 있고, 거실은 그 정도 길이다. 더 나아가 광속의 99.9999999퍼센트로 이동한다면(물리학 법칙에 위배되지 않는), 거실의 길이는 원래의 2만 2,361분의 1로, 즉 0.029센티미터 정도로 줄어들 것이다. 그렇다면 이 문장을 끝맺는 마침표보다 살짝 크다. 그리고 그에 따라 거실 안에 있는 모든 집기와 가구, 사람들 역시 소인국 크기에 맞게 줄어들 것이다. 공간이 무로 수렴하는 과정에서 우리는 이상한 점을 느끼지 못할 것이다. 정말로 그렇다면 우리가 '사물'을 인식하기 위해 마련해놓은 습관적인 인식 기준은 무엇이란 말인가?

공간이 우리의 생각과 달리 신비하고 추상적인 존재라는 의문은 이미 19세기부터 제기됐다. 당시 물리학자들 대부분 오늘날과 마찬가지로 공간과 시간이 의식과 무관한 외적 실체라고 가정했다.

공간에 관한 논의에서 가장 대표적인 인물로 다시 돌아가보자. 나중에 다시 살펴보겠지만 아인슈타인의 천재성은 1905년과 1915년에 발표한 상대성 이론을 훌쩍 넘어선다. 그가 공간에 관한 연구를 시작한 것은 역사적으로 특별한 시점이었다. 당시 서구 자연철학은 근간이 흔들리는 위기를 맞고 있었다. 양자 이론의 완성은 멀어 보였고, 관찰자와 관찰 대상 사이의 상호작용에 대한 이해는 거의 전무했다.

아인슈타인 시대의 사람들은 물리적 세상이 독립적으로 존재하고 생명체와는 무관한 원리에 따라 전개된다고 믿었다. 나중에 아인슈타인은 이렇게 썼다.

"외부 세상이 의식 주체와 무관하게 존재한다는 믿음이야말로 모든 자연과학의 근간이다."

실제로 당시 사람들은 우주란 우리와는 무관한 불변의 법칙에 따라 조율된 그리고 태곳적부터 끊임없이 돌아가는 바퀴와 기어로 이뤄진 거대한 기계로 보았다.

"모든 것이 결정돼 있다. 시작은 물론 마지막도 우리가 개입할 수 없는 절대적인 힘에 의해 정해져 있다. 별은 물론 벌레의 삶도 마찬가지다. 인간과 식물 그리고 우주 먼지들조차 보이지 않는 피리 부는 자에게서 아련히 들려오는 신비로운 곡조에 맞춰 함께 춤을 춘다."

과학계가 나중에 깨닫게 되었듯이, 이러한 믿음은 양자 이론의 경험적 발견과 조화를 이루지 못했다. 객관적인 과학적 데이터에 따를 때, 현실은 관찰자에 의해 또는 상호작용에 따라 창조되는 것으로 드러났다. 이러한 측면에서 물질적 현실의 근간으로 격상된 생명의 특성에 집중하는 새로운 과학의 관점에서 자연철학을 새롭게 해석해야 한다는 요구가 대두됐다. 그러나 시대를 앞선 철학자 임마누엘 칸트는 이미 18세기에 이렇게 지적했다.

"시간과 공간에 실체적 특성이 담겨 있다는 믿음을 버려야 한다… 사물과 그것이 차지하는 공간은 우리 내면에 존재하는 표상으로 그리고 오로지 우리의 생각 속에 존재하는 개념으로 이해해야 한다."

생물중심주의는 공간이 마음속에서 일어나는 투영이며 이를 통해 경험이 시작된다고 말한다. 공간은 생명체의 개념적 도구로서 감각 정보를 통합해 인식된 대상의 특성에 대한 판단을 내릴 수 있도록 해주는 외적 감각의 요소를 갖추고 있다. 공간은 그 자체로 물리적 실체가 아니며, 그렇기 때문에 화학 물질이나 움직이는 입자와 동일한 방식으로 다뤄서는 안 된다. 생명체는 외적 감각의 요소로부터 얻은 감각 정보를 바탕으로 경험을 조직화한다. 생물학 관점에서 볼 때, 감각 정보에 대한 두뇌 해석은 우리 몸이 받아들이는 신경 경로에 따라 달라진다. 가령 시신경을 통해 도달한 정보는 빛으로 해석된다. 마찬가지로 신체의 특정 부위를 통해 중앙 신경계로 도달한 감각은 서로 다른 형태로 해석된다.

아인슈타인은 형이상학적 관점에서 자신의 이론을 해석하는 시도에 반대하면서 이렇게 지적했다.

"공간이란 자를 들고 측정할 수 있는 대상을 의미한다."

이러한 정의는 다시 한 번 '우리'의 존재를 강조한다. 관찰자가 없다면 공간은 무슨 의미가 있는가? 공간은 단지 벽 없는 그릇이 아니다.

우리는 이런 질문을 던질 수 있다. 모든 사물과 생명체가 사라질 때, 무엇이 남는가? 그러면 공간은 어디에 있는가? 무엇이 경계를 정의하는가? 모든 실체와 경계가 사라진 물리적 세상에 무언가가 존재하는 것은 상상조차 힘들다. 만약 과학이 텅 빈 공간이 있기 때문에 독립적인 현실이 존재할 수 있다고 설명한다면, 그것은 형이상학적 진공의 개념에 불과하다.

진공이 사실은 상상하기 힘든 에너지로 가득 차 있다는 현대적인 발견 역시 공간을 진공 상태로 이해한다. 여기서 말하는 에너지란 마치 훈련받은 벼룩처럼 공간을 뛰어다니는 물리적 실체라고 하는 가상의 입자다. 모든 이야기 무대가 되는 텅 빈 무대가 사실은 활력 넘치는 살아있는 '장'인 셈이다. 즉, 비어 있지 않은 뚜렷한 실체다. 보편적으로 존재하는 우리 주변의 그러한 에너지는 절대온도 0K, 즉 섭씨 −273.15도에서 잠잠해진다. 이 상태를 가리켜 제로포인트 에너지 상태라고 한다. 제로포인트는 1949년 카시미르 효과(Casimir effect)를 통해 확인됐다. 카시미르 효과란 두 금속판을 아주 가까이 놓아뒀을 때 외부의 진공 에너지 파동에 의해 두 판이 강력하게 달라붙는 현상을 말한다(금속판 사이 공간이 좁아지면 에너지 파동이 존재할 "여유 공간"이 사라지고, 이로 인해 두 금속판이 서로를 당기는 힘이 발생한다).

이처럼 다양한 발견과 설명이 공간에 대한 오해를 끊임없이 지적하고 있다. 간략하게 그러한 사례를 정리해보자. (1)공간은 텅 비어 있지 않다. (2)사물 사이의 거리는 조건에 따라 달라진다. 그러므로 거리를 정의할 수 있는 기준은 없다. (3)양자 이론은 서로 다른 사물이 정말로 떨어져 있는지 진지한 물음을 던진다. (4)우리는 서로 다른 사물이 떨어져 있다고 이해한다. 그것은 언어와 관습으로부터 경계를 설정하도록 배웠기 때문이다.

철학자들은 아주 오래전부터 사물과 배경이 만들어내는 착시 현상에 관심을 보였다. 대표적인 것으로 한편으로는 와인잔처럼 보이지만, 다른 한편으로는 서로를 바라보는 두 얼굴처럼 보이는 그림을 들 수 있다. 이 사례에서도 사물과 배경 그리고 관찰자는 상호작용을 한다.

물론 시간과 공간이라는 환상이 우리에게 피해를 입히는 것은 아니다. 다만 과학이 공간을 물리적 실체로 바라볼 때, 또는 우주를 완전하게 설명하기 위한 '대통일 이론(Grand Unified Theory)'에 대한 집착을 버리지 못하고 우주의 본질을 이해하기 위한 첫 단추를 잘못 끼울 때 문제가 벌어지게 된다.

우주 탐험의 서막: 19세기 개척자들

데이비드 흄(David Hume)은 말했다.

"인간은 본능과 감각을 중심으로 한 편견에 따라 행동한다. 또한 아무런 고민 없이 세상이 우리의 지각으로부터 비롯되는 것이 아니라, 인간을 비롯한 모든 생명체가 사라져도 여전히 존재할 그러한 공간이라 믿는다."

물리학자들은 그들이 공간에 부여한 물리적 특성을 입증하지 못했다. 그럼에도 그들은 도전을 멈추지 않았다. 대표적인 사례로 '마이컬슨-몰리(Michelson-Morley) 실험'을 꼽을 수 있다. 1887년에 실행된 이 실험은 '에테르'의 존재를 둘러싼 모든 의혹을 불식시키기 위한 것이었다. 아인슈타인이 젊었던 무렵에 과학자들은 에테르가 보편적으로 존재하는 물질이며 공간을 정의한다고 믿었다. 고대 그리스인은 무의 개념을 받아들이지 않았다. 똑똑하면서도 고집스런 논리주의자인 그리스인들은 "무가 존재한다"는 생각 속에 내재된 모순을 간파했다. '존재(Being)'라는 개념은 '무(nothing)'라는 개념과 상반된다. 그러므로 "무가 존재한다"는 말은 그 자체로 모순이다. 19세기 이전 과학자들은 알지 못하는 물질이 우주 공간을 가득 메우고 있다고 믿었다. 매질이 없다면 파동으로서의 빛이 진행할 수 없기 때문이다. 우주의 매질인 에테르의 존재를 입증하기 위한 초기 시도들은 모두 실패로 돌아갔지만, 앨버트 마이컬슨(Albert Michelson)은 지구가 에테르의 바다를 떠다니고 있다면, 조류와 같은 방향으로 이동하는 광선이 수직 방향으로 이동하는 동일한 광선보다 속도가 더 높을 것이라고 예측했다.

마이컬슨은 에드워드 몰리(Edward Morley)의 도움으로 단단한 판에 부착된 장치를 거대한 액체 수은 수조에 띄우는 실험을 했다. 그리고 다중 거울 장치가 정확한 각도로 회전할 수 있도록 설계했다. 이들의 실험 결과는 분명했다. '에테르 조류'와 평행하게 앞뒤로 이동한 광선이 '에테르 조류'와 수직으로 동일 거리를 이동한 광선과 정확히 똑같은 시점에 검출기에 도착했던 것이다. 이는 지구가 공전을 멈춰야만 나타날 수 있는 결과였다. 또는 프톨레마이오스의 그리스 자연철학으로 돌아가야 한다는 의미였다. 하지만 코페르니쿠스의 지동설을 부정한다는 것은 불가능한 일이었다. 그렇다면 에테르가 지구와 함께 흘러간다는 가정은 틀린 것이다. 이 가정은 이후로 등장한 많은 실험을 통해서도 부정됐다.

에테르라는 물질은 없었다. 공간에 어떠한 물리적 특성도 없었던 것이다. 미국의 문학가 헨리 데이비드 소로는 말했다.

"지혜는 장황한 설명이 아니라 한 줄기 섬광처럼 모습을 드러낸다."

몇 년이 흘러 아일랜드 물리학자 조지 피츠제럴드(George Fitzgerald)는 한 줄기 섬광 대신 타당한 논리적 접근방식으로 마이컬슨-몰리 실험이 실패했던 이유에 대해 또 다른 해석을 내놓았다. 그는 사물이 이동 축을 따라서 수축하며, 그 정도는 이동 속도에 비례한다고 주장했다. 예를 들어 이동하는 물체는 정지해 있을 때보다 조금 더 짧아진다. 마이컬슨이 활용했던 실험 장치와 인간의 감각 기관을 비롯해 세상의 모든 측정 장비 또한 똑같은 방식으로 수축한다. 마찬가지로 지구 역시 공전 방향에 따라 수축한다.

당시 피츠제럴드의 가설은 위대한 네덜란드 물리학자 헨드릭 로렌츠(Hendrik Lorentz)가 전자기 이론을 들고 나올 때까지 과학적으로는 물론 정치적으로도 제대로 인정받지 못했다. 로렌츠는 또한 전자의 존재를 처음으로 주장했던 인물이기도 하다. 1897년에 아원자 입자로 밝혀진 이후로 전자는 지금까지 우주를 이루는 더 이상 쪼개지지 않는 세 가지 근본 물질 중 하나로 남아 있다. 로렌츠는 아인슈타인을 비롯한 많은 이론물리학자로부터 진정한 개척자로 인정받았다. 그는 수축 현상이 역동적인 과정으로서 분자 간 인력이 사물의 이동과 정지에 따라 달라진다고 믿었다. 그리고 전하를 띤 물체가 이동할 때 그 구성입자들 사이의 상대적 거리가 변화한다고 예측했다. 이로 인해 물체는 이동 방향에 따라 수축하고 그 형태가 달라진다.

이후 로렌츠는 '로렌츠 변환[Lorentz transformation, 또는 로렌츠 수축(Lorentz Contraction), 부록 1 참조]'이라는 이름으로 알려진 일련의 방정식을 발표했고, 이를 기반으로 하나의 '기준틀(frame of reference)'에서 벌어지는 사건을 다른 기준틀에서 설명하고자 했다. 로렌츠의 변환 방정식은 단순하면서도 우아하다. 아인슈타인은 1905년 특수 상대성 이론에서 그 방정식을 활용했다. 로렌츠 변환은 실제로 자신의 수축 가설을 정량화했을 뿐만 아니라, 상대성 이론이 나오기 전에 움직이는 입자의 질량이 증가하는 현상에 대해 적절한 설명을 제시하는 역할을 했다.

사물의 길이가 변화하는 경우와는 달리, 전자의 질량 변화는 자기장 편향(deflection)에 따른 것이다. 1900년 월터 카우프만(Walter Kauffman)은 로렌츠 방정식이 예측한 대로 전자 질량이 실제로 증가했다는 사실을 증명했다. 또한 이후로 이어진 다양한 실험들 모두 로렌츠 방정식이 완벽에 가까운 이론이라는 것을 입증했다.

물론 프랑스 수학자 앙리 푸앵카레(Henri Poincare)가 처음으로 상대성 이론의 개념을 발견하고 로렌츠가 그 변환 공식을 개발했음에도, 그 모든 성과를 최종적으로 수확한 이는 바로 아인슈타인이었다. 그는 특수 상대성 이론을 통해 시공간의 변환 법칙이 무엇을 의미하는지 분명하게 보여줬다. 그 핵심은 이동할 때 시간이 느려진다는 것이다. 광속에 접근할수록 시간은 정지를 향해 수렴한다. 시속 9억 4,308만 킬로미터로 날아갈 때, 시간의 흐름은 절반으로 느려진다. 그리고 빛의 속도인 초속 299,792,458미터에 도달하는 순간 시간은 멈춘다. 물론 우리는 일상생활 속에서 이러한 현상을 감지할 수 없다. 극단적으로 미세한 수준에서 시계가 느려지거나 자가 줄어드는 현상을 인지할 만큼 예민한 사람은 없다. 우주선이 시속 9,656만 킬로미터로 날아간다고 해도 시간이 느려지는 정도는 0.5퍼센트 미만이다.

아인슈타인은 로렌츠 방정식을 기반으로 하는 상대성 이론 방정식을 통해 극단적으로 높은 속도로 이동할 때 나타나게 될 놀라운 현상을 예측했다. 그 결과는 〈타임머신(The Time Machine)〉의 저자 허버트 조지 웰스(H.G. Wells)와 같은 SF 작가들이 받아들이기에도 벅찬 것이었다.

그러나 이후로 이어진 다양한 실험은 아인슈타인의 예측을 지지했다. 많은 이들이 아인슈타인의 방정식을 검증하고, 교차 검증하고, 재검토했다. 그리고 그 과정에서 다양한 기술이 등장했다. 대표적인 것으로 전자현미경이 있다. 마이크로파를 레이더 시스템에 전송하는 전자관 장치 클라이스트론(klystron) 역시 마찬가지다.

이 책에서 제시하는 상대성 이론과 생물중심주의[로렌츠가 역동적인 "상보적 이론(compensatory theory)"이라고 표현했던] 모두 동일한 현상을 예측한다. 관찰 결과를 기반으로 두 이론 가운데 우위를 정하는 것은 불가능하다. 세계적인 과학철학자 로렌스 스클라(Lawrence Sklar)는 이렇게 말했다.

"선택의 자유가 있다면 보충적 대안인 생물중심주의보다 상대성 이론을 선택해야 할 것이다."

하지만 시간의 본질을 생명체의 직관적인 인식 도구로 바라보기 위해 아인슈타인의 이론을 포기할 필요는 없다. 시간과 공간은 물리적 세상이 아니라 우리 내면에 존재한다. 그리고 이를 입증하기 위해 굳이 새로운 차원을 추가하거나 획기적인 수학을 개발할 필요는 없다.

그러나 이러한 양립가능성이 모든 자연 현상에 해당되는 것은 아니다. 아인슈타인 이론은 아분자 차원(submolecular order)에서는 작동하지 않는다. 상대성 이론은 시공간의 4차원 연속체를 기반으로 물체의 움직임을 설명한다. 우리는 상대성 이론만으로 위치와 운동 또는 에너지와 시간을 동시에 정확하게 확인할 수 있다. 이는 불확정성 원리가 제시한 한계와는 다른 것이다.

자연에 대한 아인슈타인의 해석은 움직임과 중력장에 따른 패러독스를 설명하기 위한 것이었다. 그는 시간과 공간이 관찰자와 무관하게 존재하는지와 같은 철학적인 주장을 제기하지 않았다. 다만 의식의 존재와 상관없이 입자와 광자의 움직임을 설명한다.

그러나 우리가 물체의 운동을 예측하기 위한 수학적 편의성을 어떻게 바라보든 간에 시간과 공간은 여전히 생명체의 특성으로 존재한다. 특수 상대성 이론은 시간과 공간을 독립적인 실체와 구조를 가진 자기 영속적인 존재로 설명했지만, 우리가 생각하는 시간과 공간은 전적으로 생명체의 관점에서 비롯된 것이다.

게다가 우리는 오랜 세월이 흘러서야 아인슈타인이 3차원의 절대적 외적 실체를 4차원의 절대적 외적 실체로 대체했다는 사실을 깨닫게 되었다. 실제로 아인슈타인은 일반 상대성 이론을 다룬 논문 도입부에서 특수 상대성 이론에 대한 똑같은 관심을 드러냈다. 아인슈타인은 객관적 현실이란 무대 위에서 벌어지는 다양한 사건과 무관하게 존재하는 시공간으로 보았다. 더 이상 나아갈 수 없었기에 중단하고 말았던 이러한 생각은 지금 그가 살아있었다면 당연히 다시 한 번 주목을 받았을 것이다. 결론적으로 아인슈타인이 끊임없이 일관적으로 드러냈던 영적 입장은 "자유 의지란 없다"라는 것이었다. 다시 말해, 자율적으로 움직이는 우주가 만들어낸 결과는 변하지 않으며, 이원론과 자아독립성 그리고 의식과 외적 우주 사이의 엄중한 구분을 더 이상 지지할 수 없을 때까지 우리는 그렇게 생각할 수밖에 없다는 것이었다. 그러나 관찰자와 관찰 대상 사이의 구분은 존재하지 않는다. 둘을 떼어놓을 때, 우리가 생각하는 현실은 사라진다.

아인슈타인의 연구는 궤적을 계산하고 일련의 사건의 상대적 경과를 확인하는 과제에서 탁월한 성과를 보였다. 그러나 그의 목적은 시공간의 본질을 밝히는 일이 아니었다. 이는 기존 물리 법칙으로는 해결할 수 없는 과제였다. 그렇기 때문에 우리는 먼저 우리가 어떻게 주변 환경을 인식하고 상상하는지 알아야 하는 것이다.

완벽하게 짜인 둥근 두개골 안에 두뇌가 갇혀 있는 우리 인간은 세상을 어떻게 바라보는가? 우리는 어떻게 작은 두 눈으로 들어온 한 줄기 빛을 통해 풍성하고 화려한 장관을 받아들이는가? 우리의 두뇌는 어떻게 전기화학적 신호를 연결하고 통합하는가? 그리고 이 책이나 다른 사람의 얼굴처럼 너무도 생생해서 그 존재를 절대 의심할 수 없는 사물을 대체 우리는 어떻게 인식하는 것일까? 이러한 질문과 관련해 분명한 사실은 너무도 당연한 듯 보이는 주변 사물이 사실은 우리 두뇌의 창작물이라는 것이다. 그리고 이러한 진실을 깨닫기 위해서는 먼저 전통적인 물리학 세상을 벗어나야 한다.

아인슈타인은 이렇게 썼다.

"인식론과 관련해 강한 확신을 느낀 이후로, 나는 손에 잡히지 않은 미묘한 세상을 탐험하면서 지금까지 경험 부족으로 물리학 세상에 갇혀 있었다는 사실을 깨닫게 되었다."

이는 아인슈타인이 특수 상대성 이론을 완성하고 반세기가 흐른 무렵에 했던 깨달음의 말이었다.

아인슈타인은 물질의 질량에 관한 연구가 부족한 상태에서 또는 충분한 방법론적 뒷받침이 이뤄지지 않은 상태에서 자신의 성을 구축하고자 했다. 젊은 시절에 그는 물리학이라는 자연의 한 가지 측면만 있으면, 생명이라는 자연의 또 다른 측면 없이도 그 성을 구축할 수 있다고 믿었다. 그러나 아인슈타인은 생물학자나 의사가 아니었다. 그는 개인적 성향과 훈련에 따라 수학과 방정식 그리고 빛의 입자에 몰두했다. 그리고 그 위대한 물리학자는 인생의 마지막 50년 동안 전체로서 우주를 설명해줄 대통일 이론을 쫓았다. 그러나 차라리 프린스턴 연구실을 떠나 연못에 노니는 잉어를 바라보며 이들 역시 거대한 우주의 한 부분임을 깨달았더라면 더 좋았을 것이다.

공간을 떠나 무한 속으로

아인슈타인의 상대성 이론은 공간에 대한 탄력적인 접근방식과 전적으로 양립 가능하다. 물리학 내 여러 연구 분야는 학문의 발전을 위해 공간에 대한 재검토가 필요하다고 주장한다. 이와 관련해 물리학자들이 거론하는 주제로는 양자 이론이 끊임없이 제기하는 관찰자의 애매모호한 역할, 관찰로 확인된 진공 에너지의 허구성, 미시적 차원에서 일반 상대성 이론의 문제 등이 있다. 우리는 여기에 또 하나를 추가하고자 한다. 그것은 "'생물학적' 의식이 지각한 공간이 제대로 이해되지 못한 자연 현상으로 남아 있다"는 사실이다.

아인슈타인의 특수 상대성 이론을 전개하기 위해서 독립적인 외부 '공간'을 가정해야 한다고 생각하는 사람들에게(마찬가지로 사물의 절대적인 분리성, 즉 양자 이론에서 말하는 '국소성' 개념을 가정하고 이를 기반으로 공간을 이해하는 이들에게) 아인슈타인이 공간은 단단한 물체를 가지고 측정할 수 있는 대상이라고 생각했다는 사실을 다시 한 번 강조하고 싶다. 독립적인 외부 '공간'에 대한 가정 없이도 상대성 이론과 동일한 결론을 얻을 수 있다는 사실에 궁금증을 느끼는 독자들을 위해, 여기서는 다섯 쪽에 이르는 전문적인 설명 대신에 부록 2를 참조할 것을 권한다. 우리는 부록에서 특수 상대성 이론을 근본적인 장과 그 특성의 차원에서 설명했다. 이러한 접근방식으로 우리는 공간을 기존의 특권적인 지위로부터 밀어낼 수 있다. 과학이 점차 통합되는 움직임을 보이는 가운데, 우리는 관찰 행위가 물리적 시스템의 변화와 밀접하게 관련돼 있다는 사실을 뒷받침하는 양자 역학의 설명을 토대로 이상적인 물리적 환경 속에서 의식의 존재에 대해 설명할 수 있기를 바란다.

언젠가 의식의 존재를 명확하게 설명해줄 이론이 등장한다고 하더라도 그 이론은 틀림없이 자연의 물리적 논리, 즉 근본적으로 통합된 분야에 기반을 두고 있을 것이다. 의식에 관한 이론은 통합 분야를 출발점으로 삼아(외적 실체를 인식하고 가속과 중력에 따른 효과를 실험하면서) 발전해나갈 것이다(양자 역학 시스템을 구현하고, 빛을 기준으로 관계를 설명하는 협력 시스템을 마련함으로써).

한편으로 물리학자들은 양자 이론과 일반 상대성 이론 사이의 모순을 해결하기 위해 애쓰고 있다. 이들 대부분 대통일 이론이 언제가 완성될 것이라 확신하지만, 시공간에 대한 기존의 인식이 해결책의 일부가 아니라 문제의 일부라는 사실이 드러나고 있다. 여러 가지 골치 아픈 문제들 중, 현대적 관점에서 사물과 그 장에 대한 이해는 영원히 끝나지 않는 숨바꼭질처럼 점점 더 요원해지고 있다. 오늘날 '양자장론(Quantum field theory)'에 따르면, 공간은 그 자체로 에너지를 담고 있고 본질적으로 양자 역학적 구조를 이룬다. '사물'과 '공간' 사이의 경계가 점차 희미해지고 있는 것이다.

더 나아가 1997년부터 지금까지 계속되고 있는 '양자중첩성(quantum entanglement)' 실험은 공간의 진정한 의미에 대해, 그리고 이들 실험 결과에 함축된 '의미'에 대해 끊임없이 질문을 제기한다. 우리는 실험 결과에 대해 두 가지 설명을 제시할 수 있다. 첫째, 입자들이 무한히 빠른 속도로, 그리고 우리가 상상할 수 없는 방법으로 빛보다 더 빨리 서로 교신을 주고받는 것이다. 둘째, 얽힌 입자는 애초에 분리된 적이 없다는 것이다. 두 얽힌 입자는 공간 속에 멀리 떨어져 있는 것처럼 보이지만 사실은 접촉을 그대로 유지하고 있다는 말이다. 정말로 그렇다면, 양자중첩성 실험 결과는 공간이 환상에 불과하다는 과학적 주장을 뒷받침하는 또 하나의 사례가 된다.

우주학자들은 빅뱅 당시에 모든 것이 연결돼 있었고 모든 것이 동시에 함께 태어났다고 말한다. 이러한 관점에서도 우리는 텅 빈 공간 속에 떨어져 존재하는 모든 것이 원래는 서로 얽혀 있으며, 다른 모든 것들과 직접적인 접촉을 유지하고 있다고 생각할 수 있다.

그렇다면 공간의 본질은 무엇일까? 텅 비어 있음? 에너지로 가득한 물질적 존재? 객관적 실체? 아니면 가상의 개념? 실질적인 활동의 장?

아니면 마음속의 장? 만약 외부 세상이 우리의 마음속에 존재하는 개념이라면, 그리고 지금 이 순간 "저기에 있다"고 인식한 사물이 사실은 우리 머릿속에 있는 것이라면, '당연하게도' 모든 것은 다른 모든 것들과 연결돼 있다.

우리가 광속으로 이동할 때, 우주 속 '모든 것'은 하나로 연결돼 우리 눈앞에 펼쳐질 것이다. 이처럼 기이한 예측은 '수차(aberration) 효과'에서 비롯된다. 가령 폭풍우를 뚫고 운전할 때, 거센 바람이 뒤에서 불어와도 눈발이 모두 자신을 향해 돌진하는 것처럼 보인다. 빛도 마찬가지다. 지구는 태양을 중심으로 초속 30킬로미터로 공전하기 때문에 우리가 관찰한 별의 위치는 실제 위치보다 조금 틀어져 있다. 이와 같은 수차 효과는 이동 속도가 높아질수록 점점 더 뚜렷하게 나타난다. 그리고 급기야 광속에 이를 때, 우주 만물은 바로 눈앞에서 환하게 빛나는 공처럼 보인다. 여기서 우리가 다른 쪽으로 시선을 돌린다면, 생경한 절대적 암흑밖에 보이지 않을 것이다. 여기서 중요한 사실은 어떤 대상이 상황에 따라 모습을 달리한다면, 그것을 근본적인 실체로 인정할 수 없다는 것이다. 빛과 전자기 에너지는 상황에 따라 변하지 않는다. 다시 말해 근본적인 실체인 것이다. 반면에 수차 효과가 보여주듯 공간은 상황에 따라 변한다. 우리가 극단적으로 빠른 속도로 이동할 때, 우주는 몇 걸음만으로 가로지를 수 있을 정도로 줄어든다. 이러한 사실은 공간에 근본적이고 객관적인 특성이 없다는 점을 말해준다. 오히려 공간은 상황에 따라 달라지는 경험적 산물이라 하겠다.

생물중심주의와 관련해 이 모든 논의가 의미하는 바는 주관적이고 상대적이고 관찰자 의존적인 현상이 아닌 객관적 실체로서 시간과 공간의 개념을 버릴 때, 우리는 비로소 외부 세상이 자신의 머릿속에 존재한다는 주장을 받아들일 수 있다는 것이다. 시간도 공간도 근본적인 실체가 아니라면, 객관적인 우주는 대체 어디에 있는 것인가?

자, 이제 일곱 번째 원칙을 추가하자.

생물중심주의 제1원칙 ▼

우리가 생각하는 현실은 의식을 수반하는 과정이다.

생물중심주의 제2원칙 ▼

내적 지각과 외부 세상은 서로 얽혀 있다. 둘은 동전의 앞뒷면과 같아서 따로 구분할 수 없다.

생물중심주의 제3원칙 ▼

아원자를 비롯한 모든 입자와 사물의 움직임은 관찰자와 긴밀하게 얽혀 있다. 관찰자가 없을 때, 입자는 기껏해야 확률 파동이라는 미정된 상태로밖에 존재하지 않는다.

생물중심주의 제4원칙 ▼

관찰자가 없을 때 '물질'은 확정되지 않은 확률 상태에 머물러 있다. 의식

이전에 우주는 오로지 확률로만 존재한다.

생물중심주의 제5원칙 ▼

생물중심주의를 통해서만 우주의 본질을 설명할 수 있다. 우주는 생명 탄생을 위해 정교하게 설계됐다. 이러한 접근방식은 생명으로 인해 우주가 존재하게 되었다는 생각과 조화를 이룬다. 우주는 그 자체로 완벽한 시공간적 논리다.

생물중심주의 제6원칙 ▼

시간은 생명체를 떠나 독립적으로 존재하지 않으며, 우리가 주변의 변화를 인식하기 위한 도구다.

생물중심주의 제7원칙 ▼

시간과 마찬가지로 공간은 실체가 아니다. 공간은 생명체가 세상을 이해하기 위한 또 한 가지 도구이며 독립적 실체를 갖지 않는다. 거북이 등껍질처럼 우리는 언제나 공간과 시간의 개념을 이고 다닌다. 이러한 점에서 물리적 사건이 생명체와 무관하게 일어나기 위한 절대적이고 독립적인 공간이란 없다.

내가 몰랐던 한 사람

그날만큼은 시간이 화살처럼 느껴졌다.

몇 시간이 마치 지질구조판의 속도로 흘러갔다.

_로버트 란자

나는 고등학교를 마치고 다시 한 번 보스턴 여행을 떠났다. 사실은 여름 동안 고향에서 아르바이트를 할 계획이었다. 그래서 맥도날드와 던킨도너츠 그리고 도심에 있는 코코런스 공장까지 지원서를 냈다. 그러나 단기간에 할 수 있는 일자리는 없었다. 그러다 문득 하버드 의과대학을 찾아가보면 어떨까 하는 생각이 들었다. 그러자 내 몸은 나도 모르게 하버드스퀘어 지하철역을 향하고 있었다.

어떻게 갑자기 그런 생각이 떠올랐는지 모르겠다. 지금 돌이켜봐도 신기할 뿐이다. 그러나 어떻게 보면 너무도 자연스러운 선택이었던 것처럼 보이기도 한다. 나는 언젠가 아인슈타인을 꼭 한번 만나보고 싶었다. 그때 어떤 느낌이 들지 궁금했다. 그를 만나면 이렇게 내 소개를 하고 싶었다.

"아인슈타인 교수님, 안녕하세요? 로버트 란자라고 합니다."

또한 제임스 왓슨(James Watson)을 만나는 장면도 떠올려봤다. 그 역시 하버드 교수로 있었다. 왓슨은 프랜시스 크릭(Francis Crick)과 함께 DNA 구조를 밝혀낸 역사적 인물이다. 나는 그의 실험실을 직접 찾아가보고 싶었다. 하지만 실제로 그곳을 찾았을 때, 얼마 전 뉴욕에 있는 콜드스프링하버 연구소(Cold Spring Harbor Laboratory) 소장으로 발령을 받아 떠났다는 소식을 들었다. 그때 낙심해 바닥에 주저앉아버렸던 기억이 난다. 그래도 스스로를 이렇게 격려했다.

"자, 기운을 내자고! 어쨌든 보스턴에 왔잖아."

그리고는 내가 알고 있던 노벨상 수상자들을 하나씩 떠올려봤다.

"이반 파블로프(Ivan Pavlov), 프레더릭 밴팅(Frederick Banting), 알렉산더 플레밍(Alexander Fleming)은 세상을 떠났고, 한스 크렙스(Hans Krebs)는 옥스퍼드에 있지. 조지 월드(George Wald)는 여기 있겠군. 그는 핼던 하틀라인(Haldan Hartline)과 랑나르 그라니트(Ragnar Granit)와 함께 시각적 과정에 관한 연구로 노벨상을 탔었지."

나는 곧장 월드의 연구실로 향했다. 어두컴컴하고 곰팡이 냄새가 자욱한 복도를 지나 마침내 그의 연구실에 다다랐다. 마침 한 여자가 문을 열고 나왔다.

"실례합니다. 월드 박스님을 찾아왔어요."

"박사님은 몸이 편찮으셔서 집에 계신단다. 내일은 나오실 거야."

노벨상 수상자도 병에 걸린다는 사실을 새삼 깨달으며 나는 이렇게 말했다.

"그럼 안 되겠군요. 조금 있다가 보스턴을 떠나야 해서요."

"오늘 오후에 댁에 들릴 예정인데 전해드릴 말이라도?"

"아니에요."

나는 호의에 고마움을 표하고 그냥 건물을 빠져 나왔다.

벌써 맥도날드와 던킨도너츠가 있는 스토턴으로 돌아갈 시간이었다. 다시 하버드스퀘어로 내려와 곧바로 지하철에 올랐다. 우울한 느낌이 들었다.

"하버드에 노벨상 수상자가 더 많으면 좋았을 텐데."

하지만 문득 보스턴에는 하버드 외에도 많은 대학이 있다는 생각이 들었다. 일부 대학은 미국에서 꽤 유명했고, 특히 몇몇은 세계적으로도 널리 알려져 있었다. 가장 대표적인 곳으로 MIT가 있었다. 게다가 당시 MIT는 연구 범위를 기술 분야를 넘어서 꾸준히 확장해가고 있었다. 기술 공학과 더불어 이제는 생물학 분야에서도 괄목할만한 성장을 보여줬다.

나는 켄달스퀘어에 내려 MIT 캠퍼스로 향했다. 너무 오랜만이라(어릴 적 커플러 박사와 함께 과학 박람회에 출전한 이후로) 당황스러웠지만 이내 익숙한 거리가 눈에 들어왔다.

물론 나의 목적은 하나였다.

"이곳에도 노벨상 수상자가 있을까?"

캠퍼스를 조금 올라가니 거대한 돔 지붕과 기둥으로 이뤄진 건물이 나타났다. 거기에는 "매사추세츠 공과대학(MASSACHUSETTS INSTITUTE OF TECHNOLOGY)"이라고 새겨져 있었다. 건물 안으로 들어서자 안내 데스크가 보였다.

나는 다짜고짜 이렇게 물었다.

"MIT에도 노벨상을 받은 사람이 있나요?"

안내원은 말했다.

"물론이지. 살바도르 루리아(Salvador Luria)와 고빈드 코라나(Gobind Khorana) 박사님이 있지."

나는 두 사람이 누군지 무슨 연구를 했는지 알지 못했지만, 어쨌든 그들을 만나보는 것도 멋진 경험이 될 거라는 생각이 들었다.

"누가 더 유명해요?"

그는 아무 대답도 하지 않았다. 이상한 질문이라고 생각하는 듯했다. 대신 옆자리 신사가 이렇게 말했다.

"루리아 박사님이지. 지금은 암연구센터 소장님으로 계시단다."

"어디가면 만날 수 있을까요?"

그는 주소록을 뒤지더니 이렇게 적어줬다.

"루리아, 살바도르 E. E17 건물."

나는 공식적인 소개장인 양 그 쪽지를 들고 흥분된 마음으로 캠퍼스를 가로질러 루리아 박사의 사무실로 향했다. 안내 데스크에는 그의 비서가 앉아서 논문을 살펴보고 있었다. 걱정스런 마음에 다시 한 번 쪽지를 확인했다.

"실례합니다. 살바도르 박사님을 뵐 수 있을까요?"

"루리아 박사님?"

"네, 맞아요!"

나는 애써 웃음을 지어보였다(어색해 보이지 않도록 최대한 활짝).

"약속을 했니?"

어린 꼬마로 바라보는 듯한 눈빛에 주눅 들지 않도록 애를 쓰며 이렇게 대답했다.

"아뇨. 급하게 여쭤볼 게 있어서요."

"하루 종일 일정이 있단다."

그리고는 눈을 깜빡이며 이렇게 덧붙였다.

"그래도 점심 때 잠깐 여유가 있을 거야."

"감사합니다. 다시 올게요."

물론 점심때까지 짧은 시간 동안 그의 논문을 살펴볼 여유는 없었다. 그래도 그곳에서 몇 블록 떨어진 도서관을 찾아갔다. 그리고 루리아 박사가 막스 델브뤼크(Max Delbruck), 알프레드 허시(Alfred Hershey)와 함께 바이러스와 그에 따른 질병에 관한 연구로 1969년 노벨 생리의학상을 수상했다는 사실을 확인했다. 또한 그 연구가 향후 분자생물학의 기반을 닦는 데 큰 기여를 했다는 것도 알게 되었다.

보통 때였으면 점심때까지 시간이 무척 느리게 흘러간다고 느꼈을 것이다. 하지만 그날만큼은 시간이 화살처럼 느껴졌다. 몇 시간이 마치 지질구조판의 속도로 흘러갔다.

"다시 왔습니다. 루리아 박사님 오셨어요?"

비서가 고개를 끄덕였다.

"안에 계시단다. 노크를 해보렴."

"정말요?"

잠시 쑥스러운 마음에 머뭇거렸다.

"어서 들어가 봐. 시간이 많지 않아."

긴장을 했던지 속이 메슥거렸다. 내가 뭘 하고 있는 것인지 불안한 마음도 들었다.

"들어오세요."

나는 그를 보자마자 깜짝 놀랐다. 루리아 박사는 자리에 앉아 땅콩버터 젤리 샌드위치를 먹고 있었다. 지성의 거장이 샌드위치도 먹는단 말인가? 그는 미심쩍은 목소리로 물었다.

"넌 누구니?"

나는 불길을 몰고 다니는 오즈의 마법사 앞에 선 겁쟁이 사자처럼 느껴졌다.

"로버트 란자라고 합니다."

"누가 보냈지?"

"혼자 왔어요."

"그냥 지나가다가 들른 거란 말이냐?"

첫 만남은 내게 그리 유리한 상황으로 돌아가지 않는 듯 보였다.

"저, 저는 지금 일자리를 찾고 있어요. 하버드 의과대학 스티븐 커플러 박사님과 함께 연구를 한 적이 있습니다. 여기서 제가 할 수 있는 일이 있을지 알고 싶어서요."

나는 별 달리 할 말이 없어서 그리고 어쩌면 조금은 도움이 되겠다 싶어서 커플러 박사님의 이야기를 꺼냈다. 그때만 하더라도 유명 인사와의 친분을 강조하는 것이 어떤 효과가 있는지 잘 알지 못했다.

그러자 그의 말투가 갑자기 누그러졌다.

"여기 앉거라. 커플러 박사님이라고? 아주 대단한 분이지."

얘기를 나누는 동안 루리아 박사는 크고 빛나는 눈으로 나를 바라봤다. 나는 예전에 지하실에서 했던 실험과 커플러 박사님과의 인연에 대해 말했다.

루리아 박사는 말했다.

"지금은 예전만큼 연구를 많이 하지는 않는단다. 주로 행정 관련 업무를 처리하지. 그래도 네게 일자리 하나쯤은 마련해줄 수 있어. 약속하마."

그에게 고맙다는 말을 하면서도 일이 이렇게 쉽고 간단하게 끝났다는 사실이 믿기지 않았다.

"이걸 한번 보렴."

나는 처음에 그게 무슨 서류인지 몰랐다. 그건 일자리를 구하는 수많은 MIT 학생들의 지원서였다. 그때 내가 할 수 있는 일이라고는 그를 번거롭게 한 것에 대해 사과하는 것밖엔 없었다.

다시 스토턴으로 돌아왔을 때 해가 저물고 있었다. 정원에서 일하고 있는 바바라 아줌마를 보고는 달려갔다.

"저 일자리를 구했어요. 뭔지 맞춰 보실래요?"

"극장에 취직했구나(그 무렵엔 극장에서 일을 하고 싶어서 지원서도 냈지만 연락은 없었다)!"

"아니에요!"

"가만있자. 맥도날드? 던킨도너츠? 모르겠구나."

나는 그날의 일을 들려줬다. 아주머니는 손뼉을 치며 축하해줬다.

"바비, 잘됐구나. 루리아 박사님은 내 영웅이야. 평화 집회에서 연설하시는 걸 들은 적도 있단다."

다음 날 아침 나는 MIT로 향했다. 생물학 연구실 건물을 지나고 있는데 내 이름을 부르는 소리가 들렸다. 돌아보니 루리아 박사님이었다.

"로버트! 안녕!"

박사님이 내 이름을 기억하고 있다니 감동이었다.

"같이 가자꾸나!"

나는 그를 따라 정문을 통과해서 복도를 지나 사무실로 들어갔다. 거기에는 인사 담당자(내가 추측하기에)가 앉아 있었다. 놀랍게도 루리아 박사님은 그에게 이렇게 말했다.

"이 친구가 원하는 대로 일자리를 알아봐주게."

그리고는 나를 보면서 이렇게 말했다.

"운이 좋은 줄 알아. 수많은 MIT 학생들이 여기서 일하고 싶어 안달이니."

그렇게 나는 MIT에 취직을 했고 이후로 내 인생은 바뀌었다. 나는 당시 조교수였던 리처드 하인스(Richard Hynes) 박사 연구실에서 여러 대학원생 및 기술 전문가와 함께 일을 했다. 하인스 박사는 나중에 루리아 박사의 뒤를 이어 MIT 암센터 소장이 되었고, 국립과학협회의 명예 회원이자 세계적인 유명 인사가 되었다. 하인스 박사는 새로운 고분자량 단백질을 연구하고 있었고 나중에 그 물질에 "파이브로넥틴(fibronectin)"이라는 이름을 붙였다. 그의 연구실에서 일을 하는 동안 나는 파이브로넥틴을 암처럼 변형된 세포에 삽입하는 실험을 했고, 이를 통해 암세포가 정상적인 형태로 회복되는 것을 확인할 수 있었다. 루리아 박사님께 그 세포를 보여줬을 때, 그는 이번 주 본 것 중에 가장 흥미로운 결과라며 칭찬을 아끼지 않았다. 하인스 박사의 연구는 이후 세계적으로 인정을 받았고, 많은 인용이 되는 과학 학술지 〈셀(Cell)〉에 게재됐다.

항상 어디론가 달아나고 싶었던 이상하고 불안정한 나의 어린 시절이 그렇게 기억 속으로 멀어져갔다.

마음이라고 하는 풍차

동물학 개론서들은 순진한 독자들을 펄펄 끓는 연못이나 화학 물질로 넘쳐나는 바다를 건너 너무도 순식간에 생명체가 등장한 현세로 데려와서는 물질에는 아무런 신비도 없다거나, 있어도 하찮은 것뿐이라고 믿도록 만들곤 한다.
_로렌 아이슬리

우주학자와 생물학자, 진화론자들은 우주와 자연 법칙이 어느 날 갑자기 아무 이유 없이 탄생했다고 심드렁한 표정으로 말한다. 그렇지만 프란체스코 레디(Francesco Redi), 라차로 스팔란차니(Lazzaro Spallanzani), 루이스 파스퇴르(Louis Pasteur)의 실험을 한번 살펴보자. 이들의 실험은 기본적인 생물학 연구로서, 생명이 싸늘한 물질로부터 갑자기 탄생했다는 '자연발생설(spontaneous generation)'을 뒷받침한다(썩은 고기에서 구더기가 생기고, 진흙에서 개구리가 고개를 내밀고, 옷더미에서 쥐가 기어 나오는 것처럼).

그러나 과학은 기존의 근본적인 모순 외에도 우리가 중요한 질문을 던질 때 더욱 심각한 문제를 드러낸다. 그것은 곧 언어의 이원론적 특성 그리고 인간의 사고방식과 논리의 한계를 뜻한다. 지각의 중추인 의식을 고려하지 않고서는 우주에서 무슨 일이 벌어지고 있는지 정확히 알 수 없는 것처럼, 우리는 논의와 이해를 위해 활용하는 도구인 언어와 논리의 본질과 한계를 고려하지 않고서는 우주를 설명할 수 없다. 지금 이 책을 읽는 동안 여러분은 우리가 사용하는 언어라는 도구의 도움으로 이해를 할 수도 있지만, 도구의 한계로 오해를 할 수도 있다. 만약 그 도구에 내재적인 편향이 있다면 적어도 우리는 그 존재를 알아야만 한다.

우리는 지식 탐험을 위한 보편적 도구인 논리와 언어의 한계를 직시해야 한다. 양자 이론이 일상적인 기술 개발에서 존재감을 드러내면서, 그리고 터널링 현미경(tunneling microscope)이나 양자 컴퓨터가 등장하면서 양자 이론의 마술을 어떻게든 이용하려는 사람들은 비논리적이고 모순된 현상과 종종 마주하게 된다. 하지만 그때마다 대부분의 사람들은 이를 외면한다. 결국 그들이 중요하게 여기는 것은 수학적·공학적 유용성이다. 그들은 자신이 맡은 과제만 처리하고 '의미'는 과학 철학자의 몫으로 떠넘긴다. 사실 선사 시대의 제사장들이 이미 알고 있었던 것처럼 무엇인가를 이용하기 위해 반드시 그것을 이해해야 하는 것은 아니다.

양자 이론을 깊이 파고들수록 우리는 더 많은 모순된 현상에 놀라게 된다. 이러한 현상은 이 책에서 살펴본 것보다 훨씬 더 다양하다. 일상 생활 속에서 우리의 선택은 일반적으로 특정한 가능성으로 국한돼 있다. 가령 고양이를 찾고 있다고 해보자. 고양이는 거실에 있거나 거실 밖에 있을 것이다. 아니면 거실 문턱에서 낮잠을 즐기면서 일부는 거실 안에, 일부는 거실 밖에 있을 것이다. 가능성은 이렇게 세 가지 뿐이다. 우리는 그 밖에 다른 가능성을 생각할 수 없다.

다음으로 양자 세상에서 입자가 A에서 B로 이동한다고 해보자. 그리고 그 경로에는 두 개의 거울이 설치돼 있어서 입자는 둘 중 하나의 길을 선택하게 된다. 이 때 놀라운 일이 벌어진다.

거울이 불투명하기 때문에 입자는 하나의 경로만 선택할 수 있다. 또한 입자가 쪼개져서 두 경로 모두를 통과하거나 그 밖에 다른 경로를 선택할 수는 없다. 그러나 입자는 논리를 거부하고 우리가 상상할 수 없는 일을 한다. 이처럼 이해할 수 없는 현상을 보이는 입자를 일컬어 "중첩(superposition) 상태에 있다"고 말한다.

실제로 중첩은 양자 세상에서 흔히 일어나는 현상이다. 그러나 인간의 논리가 우주의 모든 영역에서 유효한 것은 아니라는 사실을 보여준다는 점에서 대단히 특별한 현상이다. 중첩 현상은 20세기는 물론 인류 역사에 있어서 위대한 발견인 동시에 우리에게 깨달음을 던져주는 현상이다.

논리를 사랑하고 모순을 즐겼던 고대 그리스인은 끊임없이 수수께끼를 던지고 그속에서 패러독스를 발견했다. 대표적인 사례로 '토끼와 거북이 패러독스'가 있다.

토끼는 거북이보다 두 배 빠르다. 공정한 경쟁을 위해 총 2킬로미터 경주에서 거북이는 토끼보다 1킬로미터 앞에서 출발한다[물론 그리스인들은 킬로미터 대신 스타드(Stade)라는 단위를 사용했을 것이다]. 토끼가 1킬로미터 지점에 도착했을 때 거북이는 0.5킬로미터를 앞서 있다.

토끼가 다시 0.5킬로미터를 따라잡았을 때, 거북이는 0.25킬로미터를 앞서 있다. 그리고 토끼가 또 다시 0.25킬로미터를 따라잡았을 때, 거북이는 0.125킬로미터를 앞서 있다.

이런 식으로 생각하면 토끼는 영원히 거북이를 따라잡지 못한다. 둘 사이의 거리는 점점 좁혀지지만 그래도 거북이는 영원히 앞서 있다. 하지만 우리는 현실이 그렇지 않다는 것을 알고 있다. 그럼에도 이 시나리오에서 논리적 오류는 발견할 수 없다. 그리스인들은 심지어 "1+1=3"이 되는 것을 수학적으로 증명하기도 했다. 그리스인들의 이러한 면모는 어쩌면 에게 해의 환상적인 날씨 속에서 너무도 많은 여가 시간을 즐겼기 때문인지 모른다.

이런 이야기도 있다. 재판관이 사형수에게 말한다.

"거짓을 말하면 교수형에 처할 것이고, 진실을 말하면 칼로 벨 것이다."

그러자 사형수는 이렇게 말했다.

"저는 교수형을 당할 것입니다!"

오랜 고민 끝에 재판관은 결국 그를 풀어줄 수밖에 없었다.

이처럼 언어는 모순으로 가득하다. 우리는 다만 이를 외면할 뿐이다. 자신이 죽으면 무슨 일이 벌어질 것인지 물어보면, 사람들 대부분 이렇게 답한다.

"아무것도 존재하지 않을 것이다(I think there will just be nothing)."

당연한 말처럼 들린다. 하지만 앞서 살펴본 것처럼 'be'와 'nothing'는 서로 모순된다. 무는 존재할 수 없다. 이러한 점에서 '무가 존재한다'는 말은 논리적으로 아무 문제없지만, 우리가 이해할 수 있는 어떤 메시지도 전하지 않는다.

이 모든 이야기의 핵심은 언어와 논리를 좀 더 신중하게 들여다봐야 한다는 것이다. 언어와 논리는 우리가 특정한 목적을 위해 활용하는 도구다. 가령 "소금을 건네주시겠어요?"라는 말은 일상적인 의사소통에서 대단히 효과적으로 기능한다. 그러나 모든 다른 도구처럼 언어와 논리도 특정한 쓰임새와 그에 따른 한계를 갖는다. 문에 못이 삐져나와서 도로 박아 넣는다고 해보자. 그런데 공구함을 열어보니 펜치밖에 보이지 않는다. 망치가 있으면 좋겠지만 어쩔 수 없이 펜치로 못을 두드려본다. 하지만 못은 들어가지 않고 휘어져버린다. 그건 잘못된 도구를 선택했기 때문이다.

논리와 언어는 양자 이론을 설명하기 위한 적절한 도구가 아니다. 이러한 목적에서는 수학이 더 적절하다(물론 수학도 결과를 설명할 뿐이지 그 이유까지 설명하지는 못한다). 비교 대상이 없을 때 언어는 무의미하다. 가령 높고 푸른 가을 하늘을 언어로 묘사할 수 있지만, 상대방이 태어날 때부터 눈이 보이지 않는다면 의미가 없다. 언어와 논리가 작동하기 위해서는 경험 또는 '기존에 알고 있는 것'과의 비교가 필요하다. 이 책의 공저자인 밥 버먼은 색맹이다. 그래서 티셔츠에 인쇄된 이시하라 색맹 검사 이미지는 그에게 파스텔 점으로 이뤄진 의미 없는 패턴에 불과하다. 하지만 나는 그 이미지 속에서 이런 문구를 분명히 확인할 수 있었다.

"망할 놈의 색맹들(Fuck the colorblind)."

이와 마찬가지로 우주와 같은 근본적인 대상에 대한 논의에 있어서 우리는 색맹과 같다. 자연과 의식의 총합인 전체로서의 우주는 비교 대상이 없다. 우주와 비슷한 무언가도 없으며 특정한 맥락 안에서 발견할 수도 없다. 그래서 우리의 논리와 언어로는 전체로서의 우주를 이해하고 설명할 수 없다.

"우주는 어디로 팽창하는가?"

이런 질문을 던질 때, 언어와 논리는 근본적인 한계를 드러낸다. 그럼에도 우리는 그 한계를 좀처럼 인식하지 못한다. 하지만 무한이나 영원 또는 구체적인 중심이나 경계 없이 존재하는 우주를 설명하는 것이 불가능하다고 느꼈을 때처럼 우리 모두가 언어와 논리의 한계를 경험하고 혼란을 느껴봤다는 점에서 이러한 사실은 분명 이상한 일이다. 거실 안에 있으면서 동시에 거실 밖에 있는 고양이를 떠올릴 때, 논리는 기능을 중단한다. 그러나 양자 실험이 계속해서 똑같은 결과를 보여주고 있다는 점에서 우리는 거기에 '무엇인가 다른' 내적 논리가 있다는 것을 안다. 물론 그 논리는 우리의 논리와는 차원이 다르다.

이러한 언어의 한계는 기계적이고 수학적인 세상 너머 우리가 탐험하고자 하는 우주에도 마찬가지로 해당된다. 치즈버거를 주문하거나 임금인상을 요구할 때처럼 현실적인 과제를 처리하기 위해 개발된 우리의 논리 체계는 극단적으로 미시적인 또는 거시적인 세상을 이해하려고 할 때에는 도움이 되지 않는다. 이는 우리에게 놀랍고도 슬픈 진실이다.

어떤 과학자는 염소는 독성을 띠고 나트륨은 물을 만나 폭발적인 반응을 일으킨다는 사실을 알고 있다. 하지만 그는 염소와 나트륨이 결합한 염화나트륨이 우리가 일상적으로 먹는 소금이라는 사실을 알지 못한다. 소금은 독성도 없을뿐더러 물과 폭발적인 반응을 일으키지도 않는다. 오히려 물에 잘 녹기까지 한다. 이처럼 우리는 구성요소 각각에 대한 분석만으로는 '거대한 현실'을 이해할 수 없다. 마찬가지로 의식이 현실보다 상위 차원의 존재라면, 우리는 의식을 이루는 요소들에 대한 분석만으로 이해할 수 없을 것이다.

생물중심주의의 논의 전반에 걸쳐 우리의 논리는 모순으로 가득하거나 아무것도 없는 막다른 골목에 종종 직면한다. 그러나 우리의 논리와 조화를 이루지 못한다고 해서 생물중심주의를 포기해야 한다고 주장할 수는 없다. 이는 시간의 시작이 이해하기 힘든 개념이라는 이유로 빅뱅 이론을 포기할 수 없는 것과 같다. 의식이라는 새로운 존재가 어떻게 세상에 등장하게 되었는지 아무도 이해하지 못한다고 해서 인간의 탄생을 부정할 수는 없다.

미스터리는 반증이 불가능하다. 물론 생물중심주의가 인간이 이해할 수 없는 개념을 담고 있다고 말하는 것은 책임 회피가 될 수 있다. 이는 건축가가 자신이 지은 건물이 태풍에 무너질지 알 수 없다고 말하는 것과 같다. 누가 그러한 책임 회피를 인정하겠는가? 하지만 앞서 살펴봤던 것처럼 전체로서의 우주는 본질적으로 차원이 다른 대상이다. 인간의 논리 체계로서는 그러한 대상을 제대로 설명할 수 없다. 마찬가지로 인간의 논리는 미시적인 양자 세상에서도 제대로 기능하지 못한다. 튀어나온 못은 골치 아픈 문제지만 우리에게 주어진 것은 펜치밖에 없다. 그렇다면 어떻게든 펜치라도 잘 활용해봐야 할 것이다.

그렇기 때문에 직관적인 차원에서 타당성을 판단하기 위해 우리는 이른바 일반적인 '행간 읽기'보다 더 많은 노력을 집중해야 한다. 물론 익숙하지 않은 곳을 살피고 모든 돌멩이를 하나씩 뒤집어보면서 지식을 추구하는 과정은 우리에게 그리 편안한 일은 아닐 것이다.

그러나 이것이 낯선 상황만은 아니다. 우리의 삶은 술에 취해 싸움을 하거나 충동적으로 결혼을 하는 등 모험과 위기로 가득하다. 또한 우리는 단지 "느낌이 좋지 않다"는 이유로 특정한 상황을 피하기도 한다. 거꾸로 말해서, 아직까지 누구도 사랑을 설명하지 못했지만 사랑만큼 우리에게 강력한 동기를 부여하는 경험도 없다. 이처럼 본능은 언제나 논리를 앞선다.

생물중심주의는 이해하기 힘든 현상에 대해 최고의 설명을 들려준다. 그래도 다른 모든 이론과 마찬가지로 논리적 한계를 갖고 있다. 이러한 점에서 우리는 생물중심주의를 논의의 출발점으로 볼 필요가 있다. 다시 말해, 완성된 결론이 아니라 자연과 우주에 대한 보다 깊이 있는 탐험과 이해로 들어서는 출입문으로 보아야 한다.

천국에서 떨어지다

나는 빛나는 태양을 바라보며 한 발은 울음바다가 된 현실에,
그리고 다른 한 발은 생물학 연못에 담그고 있었다.
_로버트 란자

지금 내가 살고 있는 곳은 4만 평방미터 넓이의 섬으로 수면에 드리운 나무와 꽃의 이미지는 숨 막히게 아름다운 광경을 자아낸다. 15년 전 이사를 왔을 때 우리집은 옻나무와 덤불로 뒤덮여 하늘도 물도 제대로 보이지 않을 정도였다. 게다가 작고 빨간 주택 상태도 별로 좋지 않았다. 하루는 작업복 차림으로 구덩이를 파고 있는데 나무와 관목을 심은 트럭이 집 앞에 도착했다. 운전사는 나를 보고 이렇게 말했다.

"예전 집주인이 식물과 조경에 엄청나게 돈을 투자했겠군요. 차라리 더러운 집을 허물고 새로 지었으면 좋았을 텐데."

처음에 진흙 구덩이였던 입구는 이제 포도원처럼 보인다. 집 앞으로 뻗은 좁은 자갈길은 멀리 둑길까지 이어져 있다. 나는 수백 그루의 나무를 심고 수천 개의 자갈을 깔았다. 그건 무척이나 고된 일이었다. 연못에서 바라보면 하얗게 빛나는 광경을 볼 수 있다. 난간으로 둘러싸인 3층짜리 탑들은 둥근 모양의 구리 지붕을 이고서 햇빛에 반짝인다. 그리고 백조와 매, 여우, 라쿤 그리고 개만큼 큰 뚱뚱한 우드척이 그곳을 제 집 삼아 우리와 함께 살아간다.

하지만 그 마을에서 태어나고 자란 소방관 데니스 파커가 없었더라면, 나는 이 집을 완성하지 못했을 것이다. 우리가 함께 심은 나무들 중 몇몇은 이제 7미터를 훌쩍 넘었다. 심을 때 1미터 정도였던 포도나무들은 몇 년 전 세웠던 10미터 높이의 정자를 뒤덮을 정도로 자랐다. 두 건물에서 이어진 온실 내부는 이제 무성한 열대 우림이 되었다. 그곳을 지나려면 칼이 필요할 정도다. 낙원에서 살아가는 새들은 20미터 높이 천장에도 만족하지 못하는 듯 보인다.

데니스는 온실의 건너편 집에 살았다. 그는 여덟 남매와 함께 임대주택 단지에서 성장했다. 1976년에 클린턴 소방서에 들어갔고, 돈을 모아 가족과 함께 새 집으로 이사했다. 그는 무척 검소했지만 때로 힘든 시기를 겪었다. 그래도 이웃들에 대한 관심만큼은 각별하다. 소방서 서장에까지 오른 그는 25년 동안 소방관으로서 책임을 다했다. 연못 빙판이 깨지면서 차가 가라앉는 사고가 발생했을 때에는 스쿠버 장비를 하고 뛰어들어 운전자를 구조하기도 했다(안타깝게도 너무 늦었지만). 그래도 대부분의 업무는 사소한 사건들이었다. 한번은 양로원에서 한 할머니가 애플파이를 굽다가 태우는 바람에 화재 신고가 들어온 적이 있었다. 나중에 할머니는 고마운 마음에 딸을 소방서로 보내 데니스와 그 팀원들에게 애플파이를 전했다.

나는 3년 전에 데니스에게 정원의 나뭇가지를 잘라달라는 부탁을 했다. 가지는 7미터가량 자라 있었지만 그에게는 별로 어려운 일이 아니었다. 그는 사다리를 타고 불을 끄거나 나무에서 고양이를 구조하는 일에서는 베테랑이었다. 금요일 늦은 오후에 데니스는 전기톱을 들고 나무에 올랐다. 나는 소리쳤다.

"조심하세요. 금요일 밤을 응급실에서 보내긴 싫거든요."

우리 둘 다 웃었다. 그런데 잠시 후 기다란 가지가 흔들리더니 그의 머리 위로 떨어졌다. 피가 솟구쳤다. 그는 중심을 잃고 휘청였다.

"데니스!"

하지만 그는 땅으로 떨어졌고 쿵 소리가 났다. 전기톱의 굉음은 멈추지 않았고, 데니스는 헝겊으로 만든 인형처럼 바닥에 널브러져 있었다. 혀는 입 밖으로 나왔고 부푼 눈은 뒤집어져 있었다.

평생을 고아로 자란 이웃집 한 대장장이 아저씨는 돌아가시기 직전에 내게 이렇게 말씀하셨다.

"친구는 고를 수 있지만 가족은 아니란다."

데니스는 최고의 이웃이었다. 그런 그가 한 손으로 나뭇가지를 힘겹게 쥔 채 바닥에 쓰러져 있었다. 맥박도 호흡도 없었다.

"죽으면 안 돼요."

나는 산소 없이도 뇌가 몇 분을 버틸 수 있다는 사실을 알고 있었기에 심폐소생술 대신에 집으로 달려가 911로 전화를 걸었다. 다행스럽게도 데니스는 다시 숨을 쉬기 시작했고 손가락도 조금씩 움직였다. 나는 구급차에 함께 올랐다. 의식은 여전히 불확실한 상태였고 공사 중인 도로에서 차가 덜컹거릴 때마다 공포 영화에나 나올 법한 고통스런 신음이 흘러나왔다. 그는 몸 전체에 걸쳐 골절상을 입었다. 특히 손목뼈는 완전히 으스러지고 말았다. 응급요원들이 힘껏 그의 손목을 압박했다.

그들은 데니스의 청바지를 가위로 찢고 입으로 관을 삽입했다. 우리는 다시 응급 헬기로 갈아타고 유매스 메디컬센터로 이동했다. 나도 의사였기에 응급실에 함께 들어갈 수 있었다. 하지만 의료진은 턱없이 부족했고 밤이 깊어지면서 상태는 더욱 위독해졌다. 다른 응급 헬기들이 연이어 도착하기 시작했다. 모니터링 장비에서 '위험' 경보가 울렸지만 의사들은 막 도착한 환자를 살피느라 와보지 않았다. 중환자실로 전화를 건 간호사의 다급한 목소리가 들렸다.

"헬기가 두 대 더 들어왔어요. 지금 이 환자를 돌볼 사람이 없어요."

그렇게 다섯 시간을 기다렸지만 누구도 신경 써주지 않았다. 중환자실의 더러워진 침상 시트조차 갈아주지 않았다. 그렇게 데니스가 응급실 구석에 누워 삶과 죽음의 경계를 오가고 있을 때, 나는 대기실로 달려가 그의 가족에게 상황을 전했다. 데니스의 가족 모두가 모여 있는 것을 본 것은 그때가 처음이었다. 내가 들어서자마자 가족들은 그의 상태를 물었다. 나는 의사들이 생존 가능성을 장담하지 못한다고 말했다. 내 말이 끝나기도 전에 데니스의 열세 살 된 아들인 벤은 울음을 터뜨렸다. 강인한 성품의 그의 누이마저도 거의 쓰러지다시피 했다.

잠시 동안 모든 상황이 비현실적으로 느껴졌다. 나는 시간을 초월한 전지전능한 대천사가 된 기분이 들었다. 나는 빛나는 태양을 바라보며 한 발은 울음바다가 된 현실에, 그리고 다른 한 발은 생물학 연못에 담그고 있었다. 반딧불과 함께했던 어릴 적 추억이 떠올랐고 모든 인간과 생명체가 마치 유령이 벽을 통과하듯 그들 스스로 창조한 시공간을 따라 펼쳐진 물리적 세상을 살아간다는 생각이 들었다. 전자가 두 개의 슬릿 모두를 동시에 통과하는 이중 슬릿 실험 장면도 떠올랐다. 나는 그 실험의 결론을 의심할 수 없었다. 데니스는 거시적인 세상 속에서 시간의 경계를 떠나 살아있으면서 동시에 죽어 있었다.

데니스의 사고가 일어난 지 3년이 되는 몇 주 전에 그의 아들 벤의 미식축구 시합이 있었다(현재 고등학교 미식축구팀에서 뛰고 있다). 벤이 터치다운에 성공했을 때, 관람석에서 지켜보고 있던 데니스 부부는 열광했다. 데니스는 자신의 아들을 무척 자랑스러워했고 벤 역시 그 사실을 잘 알고 있었다.

이제 벤은 열여섯 살이 되었다. 운전면허를 딴 뒤로는 차를 몰게 될 날을 손꼽아 기다리고 있다. 데니스는 아들에게 이미 30만 킬로미터가 넘은 고물 익스플로러를 물려주겠다고 약속했다. 어젯밤에는 벤의 생일 파티가 열렸다. 벤은 이렇게 물었다.

"아버지, 익스플로러를 언제 넘겨주실 거예요?"

그러자 데니스는 놀랍게도 열선 시트까지 포함해 모든 옵션을 장착한 새 차의 키를 아들에게 건넸다. 벤은 지금도 밖에서 열심히 세차 중이다.

오늘날 과학적인 세계관은 죽음을 두려워하는 우리에게 어떠한 위로나 희망을 제시하지 않는다. 반면 생물중심주의는 대안을 살짝 보여준다. 만일 시간이 환상이라면 그리고 현실이 의식의 창작물이라면 그 의식은 영원히 살아남지 않을까?

창조의 벽돌

12월의 아침 연못가에서 내가 목격한 것은
나뭇가지와 잎들 뒤에 숨어 있던 자연과 하나 된 나의 마음이었다.
_로버트 란자

얼마 전 논문을 통해 시각 세포를 생성함으로써 안과 질환을 치료할 수 있다는 연구 결과를 발표했다. 그리고 다음 날 아침, 제한 속도인 시속 24킬로미터를 훌쩍 넘어(항상 그렇듯 지각하지 않기 위해) 주차장으로 들어섰다. 그 순간 경찰차를 발견하고는 급히 브레이크를 밟았다. 식은땀이 흘렀다. 경찰차에서 내린 경관은 행인을 심문하고 있었다.

'이런 곳에 경찰차가 서 있다니!'

나는 일부러 주차장을 돌아 멀찍이 차를 댔다. 부디 경찰관이 나를 발견하지 못했기만을 빌었다. 서둘러 건물로 들어설 때까지도 흥분은 가라앉지 않았다. 나는 뒤를 슬쩍 돌아다보며 이렇게 생각했다.

'다행이야. 경찰이 따라오지는 않는군.'

그렇게 무사히 사무실에 도착해서 마음을 가라앉히고 업무를 시작하려고 할 때 노크 소리가 들렸다. 우리 연구실에서 함께 일하는 선임 연구원 영 청이었다. 그는 겁먹은 목소리로 이렇게 말했다.

"란자 박사님. 경찰관이 로비에서 기다리고 있어요. 수갑에다가 권총까지 찼던데요?"

내가 경찰관을 만나러 갈 때 사무실에서는 작은 소동이 일었다. 동료들은 경찰이 나를 잡으러 온 것은 아닌지 걱정했다. 경찰관은 나를 보자마자 심각한 얼굴로 이렇게 말했다.

"박사님, 사무실에서 이야기를 나눌 수 있을까요?"

무슨 일인가 벌어졌다는 생각이 들었다. 그러나 경찰관은 사무실에 들어서자마자 사과를 하고는 내가 월스트리트저널에 썼던 기사에 대해 이야기를 나누고 싶어 찾아왔다고 밝혔다(행인을 심문하는 것처럼 보였던 것도 내 사무실을 찾기 위한 것이었다). 그는 자녀의 특이한 질환을 고치기 위해 인터넷 모임에서 활동하고 있었다. 그러던 차에 내가 매사추세츠 우스처에 살고 있다는 소식을 듣고 모임을 대표해서 나를 찾아왔던 것이다.

그의 십대 아들은 중증 퇴행성 안과 질환을 앓고 있었다. 의사는 몇 년 안에 실명하게 될 것이라 했다. 동일한 증상을 보인 몇몇 친척은 이미 완전히 앞을 보지 못하는 상태였다. 그는 사무실 바닥에 놓인 종이

상자를 가리키며 이렇게 말했다.

"지금은 상자의 윤곽 정도만 간신히 볼 수 있는 상황입니다. 시간이 얼마 남지 않았어요…."

그의 사연을 듣고 울컥한 마음이 들었다. 그의 아들에게 도움을 줄 수 있는 냉동 세포를 보관만 하고 있는 현실이 더욱 안타깝게 느껴졌다. 우리 연구실은 그 세포를 9개월 넘게 냉장실에 보관하고 있었다. 동물 실험을 위한 2만 달러 예산(군대에서 사소한 장비 하나 구입하는 데 들어갈 비용)을 마련하지 못했기 때문이었다. 동물 실험을 위한 재원을 마련하려면 앞으로 1~2년의 시간이 더 필요했다. 나는 그 세포로 아이를 치료한다면 아무런 부작용 없이 시각 기능을 100퍼센트 회복시킬 수 있을 것이라 확신했다. 지금 이 순간 세계적으로 3,000만 명이 넘는 사람이 황반변성을 비롯한 망막 퇴행성 질환으로 고통받고 있으며, 우리는 이들을 대상으로 한 임상실험과 관련해 FDA와 논의 중에 있다.

이 문제와 관련해 여기서 한 가지 언급할 사항은 이미 잃어버린 시력을 회복시키는 것보다 더 놀라운 사실이 있다는 것이다. 우리 연구팀은 망막 세포가 들어 있는 배양 접시 안에서 광수용체, 즉 실제로 빛을 받아들이는 추상체와 간상체가 생성됐다는 사실을 목격했다. 심지어 작은 '수정체'까지 목격했다. 현미경으로 들여다보면 그 수정체가 나를 바라보고 있다는 느낌이 든다. 우리 연구팀은 태아 줄기세포(우리 몸의 모세포에 해당하는)를 가지고 모든 실험을 진행했다. 우리는 줄기세포로 거의 모든 종류의 뉴런을 동시에 만들어낼 수 있다. 줄기세포는 인간의 체세포가 만들어내는 최초의 조직이다. 나는 배양 접시 속 뉴런에서 수천 개에 이르는 수상돌기도 관찰했다. 뉴런은 수상돌기를 통해 이웃 뉴런과 의사소통을 주고받는다. 수상돌기는 대단히 광범위하게 뻗어 있어서 신경 세포의 전체 형태를 확인하기 위해서는 여러 장의 사진이 필요하다.

생물중심주의 관점에서 볼 때, 뉴런은 세상을 구성하는 기본 요소다. 뉴런은 자연발생적인 물질로서 관찰자에 의존하는 세상의 근간을 이룬다.

두뇌 속 뉴런은 시공간의 개념을 뒷받침한다. 그리고 마음과 관련된 신경 단위로서 우리 연구실에서 배양하는 광수용체를 비롯한 다양한 감각 기관과 이어져 있다. 이러한 점에서 뉴런은 모든 관찰 행위와 연관돼 있다. 뉴런은 DVD 플레이어가 TV 화면으로 정보를 전송하는 것과 같은 기능을 한다. 글을 읽을 때 우리는 종이와 문자의 이미지를 인식하지 않지만 두뇌의 신경회로는 이를 모두 받아들인다. 의식과 상호작용하는 현실은 모든 것을 담고 있으며 우리의 언어만이 내부와 외부, 여기와 거기를 구분한다. 뉴런과 원자로 이뤄진 세상은 우리 마음 속 에너지 장에서 만들어지는 것일까?

수천 년 동안 우주의 본질을 이해하기 위한 인류의 노력은 특별하고도 위험한 도전이었다. 과학은 인류에게 가장 중요한 도구이지만 때로 우리를 예상치 못한 길로 밀어넣기도 한다. 한 평범한 아침에 있었던 일이 떠오른다. 대부분의 사람이 잠들어 있을 시간이었지만 새벽 회진

이 이미 시작됐을 시간이었다. 나는 커피를 내리면서 잔뜩 서리가 낀 창문으로 밖을 바라보며 속으로 이렇게 말했다.

"이미 지각이야. 어쩔 수 없지 뭐."

손으로 창을 문질러 닦아봤다. 길게 늘어선 가로수의 행렬이 눈에 들어왔다. 멀리서 고개를 내민 해가 앙상한 가지와 마른 잎을 노랗게 물들였다. 문득 신비로운 느낌이 들었다. 세상 저편에 무엇인가 숨어 있다는 강한 확신이 들었다. 과학 학술지에서는 절대 얘기할 수 없는 어떤 존재가 말이다.

나는 급히 의사 가운을 챙겨 입고는 억지로 몸을 일으켜 집을 나섰다. 그런데 대학 병원으로 가는 길에 캠퍼스 연못을 거닐고 싶은 이상한 충동이 일었다. 아마도 골치 아픈 아침 업무를 미루고 신비로운 아침 기운을 조금 더 느껴보고 싶었기 때문일 것이다. 금속으로 만든 싸늘한 의료 장비, 눈부신 수술실 조명, 응급실 산소통, 오실로스코프(oscilloscope) 스크린, 그리고 병원 안에서 끊임없이 이어지는 번잡한 움직임과 긴장된 목소리에서 벗어나 연못가의 고요와 침묵을 만끽하고 싶었다. 헨리 데이비드 소로라면 내 생각에 흔쾌히 동의했을 것이다. 소로는 아침 시간이야말로 우리의 삶을 소박하게 만들어주는 기분 좋은 초대라고 말했다.

"시와 예술 그리고 가장 우아하고 인상적인 행위는 언제나 그 시간에서 비롯된다."

추운 겨울날 나는 따스함을 느꼈다. 그렇게 연못을 내려다보며 광자들이 물 위에서 춤을 추는 광경을 지켜봤다. 말러 교향곡 9번에서 음표들이 튀어나와 노니는 것 같았다. 그 순간 몸에서 특별한 기운이 느껴졌다. 내 마음은 그 어느 때보다 자연과 강한 합일을 이뤘다. 인생에서 소중한 모든 경험처럼 특별한 느낌은 사소한 순간에 찾아왔다. 나는 드러나지 않은 고요 속에서 수련 잎과 부들개지 너머를 보았다. 소로와 로렌 아이슬리(Loren Eiseley)처럼 자연은 내게 알몸으로 다가왔다. 그렇게 한 바퀴 연못을 돌고 나서 병원 건물로 향했다. 새벽 회진은 거의 끝나가고 있었다. 죽음을 앞둔 한 여인이 침상에 앉아 있었다. 창밖으로 연못이 보였고 그 위로 드리운 가지에 새가 노래하고 있었다.

한참 뒤 나는 그날 새벽에 서리가 자욱한 창문 너머로 떠오르는 해를 바라보며 어렴풋이 느꼈던 심오한 비밀을 떠올려봤다. 아이슬리는 말했다.

"우리는 감각의 세상에 머물러 있다."

말초 신경으로 광자의 춤을 지각하는 것만으로 세상의 신비를 알 수 없다. 아이슬리는 이런 말도 남겼다.

"우주의 끝을 볼 수 있다 하더라도, 우리의 눈으로 들여다보는 것만으로는 충분치 않다."

전파망원경과 초대형 입자가속기가 하는 일이라고는 우리의 지각 범위를 확장시켜주는 것뿐이다. 우리가 보는 것은 모든 것이 끝난 상황이다. 우주 속에서 일부가 다른 일부와 어떻게 상호작용하는지 우리는 알지 못한다. 어느 찬란한 12월 아침 모든 감각이 합일을 이뤘던 5초의 순간을 제외하고서.

물리학자도 마찬가지다. 그들은 양자 세상의 방정식 너머를 보지 못한다. 12월의 아침 연못가에서 내가 목격한 것은 나뭇가지와 잎들 뒤에 숨어 있던 자연과 하나 된 나의 마음이었다.

과학자들은 지금까지 세상을 관찰했지만 이제 벽을 마주하고 말았다. 소로의 말처럼 우리가 살아가는 세상은 힌두교의 세상과 같다. 우리의 세상 아래 코끼리가 있고, 코끼리 아래에 거북이가 있고, 거북이 아래에 뱀이 있다. 뱀 아래에는 아무것도 없다. 우리는 코끼리와 거북이, 뱀이 떠받치는 세상에 살고 있으며 그 모두는 공중에 떠 있다.

겨울 아침 연못가에서 보낸 5초의 시간은 내게 그토록 갈망했던 가장 인상적인 증거의 순간으로 남았다. 월든 호숫가에서 소로가 읊었던 시처럼.

> 나는 돌무더기 호숫가에 서 있다
>
> 저편에서 산들바람이 불어온다
>
> 내 빈 손에는
>
> 물과 모래뿐…

우리는 어떤 세상에서 살아가는가?

종교와 과학 그리고 생물중심주의가 바라보는 우주

모든 가능성이 언제나 존재한다.

_헨리 데이비드 소로

지금까지 우리는 우주의 본질과 구성에 대해 논의해봤다. 인간이 그러한 생각을 할 수 있다는 것은 놀라운 사실이다. 우리는 두 살부터 자신이 살아있고 세상을 인식한다는 것을 깨닫는다. 그리고 정보를 선택하고 수집해 기록한다. 나는 오래전부터 스키너 박사와 함께 연구했다(결과는 〈사이언스〉에 논문으로 발표했다). 우리 두 사람은 동물도 "자의식"이 있다는 사실을 보여줬다. 사람들은 어릴 적 이렇게 묻는다.

"지금 나는 어디에 살고 있는 것일까?"

하지만 지금까지 관찰한 것만으로는 대답을 찾을 수 없다. 세상이 왜, 그리고 어떻게 존재하는지 여전히 미스터리로 남아 있다.

우리는 어릴 적부터 모순된 대답에 둘러싸인다. 교회와 학교는 저마다 다른 답을 준다. 그리고 성인이 되어 세상의 본질에 대해 논의할 때, 우리 역시 개인적인 성향과 상황에 따라 이러저러한 대답을 내놓는다. 가령 베들레헴의 별을 소재로 한 크리스마스 천체 쇼인 '스타 오브 원더(Star of Wonder)'를 관람할 때 사람들은 과학과 종교를 어떻게든 연결해보려 한다. 우리는 이러한 노력을 《현대 물리학과 동양사상(The Tao of Physics)》이나 《춤추는 물리(The Dancing Wuli Masters)》와 같은 베스트셀러 속에서도 찾아볼 수 있다. 이들 책은 현대 물리학이 불교와 똑같은 이야기를 들려준다고 말한다.

그러나 사회적 인기와는 달리 이러한 노력 대부분 실패로 끝났다. 물리학자들은 《현대 물리학과 동양사상》이 과학적인 설명 없이 알쏭달쏭한 이야기만 늘어놓았다고 비판한다. 매년 크리스마스 시즌에 열리는 크리스마스 플라네타륨(planetarium, 돔의 안쪽 둥근 천장에 프로젝터로 영상을 투사해 천체를 보여주는 교육용 기계_옮긴이) 프로그램은 종교와 천문학 모두를 불편하게 만든다. 천체 관측소 과학자는 혜성과 행성, 초신성 등 그 어떤 별도 하늘에 갑자기 멈춰서는 일은 없다는 사실을 잘 알고 있다. 베들레헴의 하늘이라고 해서 다를 이유는 없다. 북쪽 하늘에서 정지해 있는 것처럼 보이는 별은 북극성이 유일하다. 그러나 베들레헴을 향해 떠난 동방 박사들은 북쪽이 아니라 서남쪽으로 향했다. 베들레헴의 별에 관한 어떤 설명도 앞뒤가 맞지 않는다. 과학자들은 그러한 사실을 잘 이해하지만 아이들에게 다르게 설명한다. 어쨌든 플라네타륨 프로그램은 75년 가까이 이어진 크리스마스 전통 행사이기 때문이다. 다른 한편에서, 동방 박사들이 따라간 '별'의 존재를 믿는 사람들은 이야기 속에 어떠한 기적도 없다고 말한다. 우연하게도 별들이 정확한 시점에 동일한 방향에 놓이는 '합(conjunction)'이 일어났고, 이는 과학적인 현상이지 결코 기적이 아니라는 것이다.

궁금해하는 독자를 위해 설명을 덧붙이자면, 과학계와 종교계는 베들레헴의 별에 대해 별 관심을 기울이지 않았다. 그렇다면 누가 설명을 내놓았을까? 성경이 쓰일 무렵 사람들은 위대한 왕이 태어날 때 점성술과 관련된 특별한 징조가 나타난다고 믿었다. 그리고 예수의 탄생과 관련해서도 틀림없이 그러한 일이 있었을 것이라고 생각했을 것이다. 예수 탄생 시점에 목성이 양자리(유대교에서 통치를 의미하는)에 있었다는 사실은 그 개연성을 뒷받침한다. 이처럼 베들레헴의 별은 그 기원에서 과학 이론이나 기독교 교리보다 점성술과 더 깊은 관련이 있다. 실제로 과학계와 종교계는 그 이야기를 잘 언급하지 않는다.

과학계와 종교계가 적과의 동침으로 낳은 후손은 대부분 기형아다. 그렇기에 "우리가 살아가는 우주는 어떤 세상인가?", "살아있는 것과 그렇지 않은 것은 무슨 관계를 맺고 있는가?", "우주라는 거대한 컴퓨터의 기본 운영체제는 무작위인가, 지성적인 존재인가?", "우리는 그 존재를 이해할 수 있는가?"와 같이 근본적인 질문에 대한 보편적인 대답을 확인하는 동안에는 과학과 종교를 떨어뜨려놓자. 이제 과학과 종교를 서로 얽히게 만들었던 이러한 질문에 대한 답변을 살펴보면서, 지금까지 얼마나 성공적인 설명을 내놓았던지 확인해보도록 하자.

기존 과학이 바라보는 우주

우주는 138억 년 전 무에서 탄생했다. 팽창 속도는 시간이 흐르면서 점차 느려졌다가 지금으로부터 70억 년 전에 알려지지 않은 반발력으로 다시 높아졌다. 우주에 존재하는 모든 물질과 사건은 네 가지 근본적인 힘, 그리고 만유인력과 같은 다양한 상수 및 변수를 기반으로 하는 무작위 과정을 통해 발생했다. 지구의 생명체는 39억 년 전에 출현했다. 하지만 그 정확한 시점과 지역은 밝혀지지 않았다. 생명체는 92가지 원소의 조합으로 생성된 분자들이 무작위한 방식으로 충돌하면서 탄생했다. 의식은 생명으로부터 비롯됐지만 그 과정 역시 미스터리다.

근본적인 질문에 대한 과학의 답변

빅뱅은 어떻게 시작됐나?

모른다.

빅뱅의 본질은 무엇인가?

모른다.

빅뱅 전에는 무엇이 존재했는가?

모른다.

우주의 주요 구성 요소인 암흑에너지는 무엇인가?

모른다.

두 번째로 중요한 암흑물질은 무엇인가?

모른다.

생명은 어떻게 탄생했는가?

모른다.

의식은 어떻게 생겨났는가?

모른다.

의식의 본질은 무엇인가?

모른다.

우주의 운명은? 팽창을 계속할 것인가?

그럴 것으로 보인다.

우주 상수는 어떻게 설정됐는가?

모른다.

우주의 네 가지 힘이 존재하는 이유는?

모른다.

사후의 삶은 존재하는가?

모른다.

어떤 책이 최고의 설명을 들려주는가?

그런 책은 없다.

그렇다면 과학은 우리에게 어떤 이야기를 하는가? 사실 과학은 도서관만큼이나 많은 정보를 들려준다. 우주 만물에 대한 분류, 살아있는 것과 그렇지 않은 것을 구분하는 기준과 특성, 강철과 구리의 강도, 그리고 별이 탄생하고 바이러스가 증식하는 방식에 대해 말해준다. 과학은 궁극적으로 우주 속에서 어떤 사건이 어떻게 일어나는지에 집중한다. 그리고 쇠로 다리를 만들고 항공기를 개발하고 재건수술을 하는 방법에 주목한다. 우리의 일상생활을 보다 편리하게 만드는 과제에서 과학만한 것은 없다.

하지만 과학에게 궁극적인 질문에 대한 대답을 내놓거나 존재의 본질을 알려달라고 요청하는 것은 번지수를 잘못 찾은 것이다. 그건 물리학자에게 예술의 가치를 평가해달라고 부탁하는 것과 같다. 그러나 과학자들은 이를 인정하지 않는다. 그들은 우주학과 같은 학문을 통해 존재에 대한 심오한 질문에 대답을 내놓을 수 있다고 믿는다. 과학의 신전은 우리에게 끊임없이 도전하라고 말한다. 그러나 정작 과학은 지금까지 근본적인 질문에 대한 대답을 거의, 또는 전혀 내놓지 못했다.

종교가 바라보는 우주

세상에는 수많은 종교가 있다. 그러므로 각각의 입장을 모두 다룰 수는 없다. 여기서는 종교를 크게 두 가지 유형으로 분류해서 살펴보도록 하자. 그 둘은 세계관과 목적에서 하늘과 땅만큼 다르다.

⊛ 서양 종교(기독교, 유대교, 이슬람교)

우주는 신의 창조물이다. 신은 우주와 별개의 존재다. 우주는 시작과 끝이 있다. 생명 또한 신의 작품이다. 인간의 사명은 신을 믿고 말씀을 따르는 일이다. 인간은 성경과 코란의 십계명과 같은 율법을 따라야 한다. 일반적으로 율법은 믿음의 유일한 원천이다. 기독교는 천국에 가기 위해서(또는 '구원'을 받기 위해서) 예수를 구세주로 받아들여야 한다고 말한다. 서양 종교에서 사후의 삶은 현세보다 중요하다. 신은 전지전능하고 어디에나 존재하며 우주를 창조하고 다스린다. 인간은 기도를 통해 신을 만난다. 의식 자체나 다양한 의식 상태 또는 궁극의 상태에 도달한 개인적 체험에 관한 직접적인 설명은 없다. 다만 신비주의 종파는 고양된 의식 상태를 "신과의 합일"이라고 말한다.

근본적인 질문에 대한 서양 종교의 답변

신은 어떻게 생겨났는가?

모른다.

신은 영원한가?

그렇다.

과학의 근본적인 질문에 대한 입장(가령, 빅뱅 이전에 무엇이 존재했는가?)

아무런 의미가 없다. 신이 모든 걸 창조했기 때문이다.

의식의 본질은 무엇인가?

논의된 적이 없다. 모른다.

사후 세계는 존재하는가?

그렇다.

⊛ 동양 종교(불교, 힌두교)

만물은 궁극적인 진리를 향해 흐른다. 세상의 본질은 존재, 의식, 축복이다. 개체는 인간의 환상이며, 마야(maya, 환영_옮긴이) 또는 삼사라(samsara, 윤회 또는 전생_옮긴이)라고 불린다. 궁극의 진리는 영원하고 완전하며 저절로 흘러간다. 전지전능한 신은 진리의 한 가지 모습이다. 일반적으로 불교와 힌두교는 이러한 생각을 받아들이지만 모든 종파가 그런 것은 아니다. 대부분의 종파는 생명은 영원하며 환생을 통해 이어진다고 믿는다. 반면 아드바이타 베단타(Advaita Vedànta)를 비롯한 일부 종파는 탄생과 죽음은 애초에 없다고 말한다. 생명의 목적은 환상과 착각에서 벗어나 최고의 경험을 통해 우주적 진실을 이해하는 것이다. 이는 열반(Nivana), 또는 깨달음이라 불린다.

근본적인 질문에 대한 동양 종교의 답변

빅뱅이란 무엇인가?

의미 없는 질문이다. 시간은 존재하지 않고 우주는 영원하다.

의식의 본질은 무엇인가?

사고를 통해 알 수 없다.

사후 세계는 존재하는가?

그렇다.

생물중심주의가 바라보는 우주

생명과 의식을 벗어나 독자적으로 존재하는 물리적 우주란 없다. 인식되지 않은 세상은 존재하지 않는다. 생명은 영원하고 의식 없는 우주에서 일어난 무작위적인 사건으로 탄생하지 않았다. 시간과 공간은 마음의 근간으로 오직 인식의 도구로서 기능한다. 관찰자의 영향력을 입증한 실험 결과는 의식과 물리적 우주의 상호연관성을 분명하게 보여준다. 세상과 우리의 마음은 각각 독립적인 실체가 아니다. 생물중심주의는 신과 관련해서 특별한 입장을 제시하지 않는다.

이제 지금까지 살펴본 생물중심주의 일곱 가지 원칙을 정리해보자.

생물중심주의 제1원칙 ▼

우리가 생각하는 현실은 의식을 수반하는 과정이다.

생물중심주의 제2원칙 ▼

내적 지각과 외부 세상은 서로 얽혀 있다. 둘은 동전의 앞뒷면과 같아서 따로 구분할 수 없다.

생물중심주의 제3원칙 ▼

아원자를 비롯한 모든 입자와 사물의 움직임은 관찰자와 긴밀하게 얽혀 있다. 관찰자가 없을 때, 입자는 기껏해야 확률 파동이라는 미정된 상태로밖에 존재하지 않는다.

생물중심주의 제4원칙 ▼

관찰자가 없을 때 '물질'은 확정되지 않은 확률 상태에 머물러 있다. 의식 이전에 우주는 오로지 확률로만 존재한다.

생물중심주의 제5원칙 ▼

생물중심주의를 통해서만 우주의 본질을 설명할 수 있다. 우주는 생명 탄생을 위해 정교하게 설계됐다. 이러한 접근방식은 생명으로 인해 우주가 존재하게 되었다는 생각과 조화를 이룬다. 우주는 그 자체로 완벽한 시공간적 논리다.

생물중심주의 제6원칙 ▼

시간은 생명체를 떠나 독립적으로 존재하지 않으며, 우리가 주변의 변화를 인식하기 위한 도구다.

생물중심주의 제7원칙 ▼

시간과 마찬가지로 공간은 실체가 아니다. 공간은 생명체가 세상을 이해하기 위한 또 한 가지 도구이며 독립적 실체를 갖지 않는다. 거북이 등껍질처럼 우리는 언제나 공간과 시간의 개념을 이고 다닌다. 이러한 점에서 물리적 사건이 생명체와 무관하게 일어나기 위한 절대적이고 독립적인 공간이란 없다.

근본적인 질문에 대한 생물중심주의의 답변

빅뱅은 어떻게 일어났는가?

우리의 마음 외부에 존재하는 '죽은' 우주란 없다.
'무'는 의미 없는 개념이다.

무엇이 먼저인가? 바위인가, 생명인가?

시간은 인식의 도구에 불과하다.

우리가 살아가는 우주의 본질은 무엇인가?

생명에 기반을 둔 활동적인 과정이다.

세상이 무엇이냐는 질문에 사람들은 학교에서 쉽게 찾아볼 수 있는 지구본을 종종 떠올린다. 지구본은 학생들이 우리가 살아가는 세상에 대해 쉽게 생각할 수 있도록 도움을 주는 도구다. 하지만 정말로 존재하는 것은 지구본이 아니라 그랜드캐니언이나 타지마할이다. 지구본을 갖고 있다고 해서 우리가 실제로 북극이나 남극을 확인할 수 있는 것은 아니다. 마찬가지로 우주는 시공간에서 일어날 수 있는 모든 사건을 설명하기 위해 사용하는 개념이다. 마치 CD와 같다. 플레이어가 돌아갈 때, 트랙은 비로소 음악이 된다.

생물중심주의와 관련된 한 가지 논의 주제로 유아론(solipsism)이 있다. 유아론은 "모든 것이 하나(All Is One)"라고 주장하는 철학적 입장을 말한다. 여기서 하나는 의식을 말하며, 모든 개체는 상대적인 차원에서 진실일 뿐 궁극적 실체가 아니다. 물론 우리는 유아론을 근본적인 세계관으로 인정하지 않는다. 모든 생명체는 저마다 의식을 갖고 있다. 오늘날 사람들 대부분 하나의 의식이 아니라 수많은 의식의 존재를 받아들인다. 이에 반대하는 유아론은 사회적으로 용인을 얻기 힘들다.

다양한 우주 상수와 일반적인 물리 법칙의 한계, 그리고 "모든 것은 하나"라는 믿음을 설파하는 '계시적 경험'을 받아들인 모든 문화와 역사 속에서 유아론은 호시탐탐 기회를 엿본다. 유아론은 우리가 유일하게 믿을 수 있는 것은 지각 그 자체밖에 없다고 말한다. 유아론이 진실이라면, 거리와 무관하게 모든 것이 연결돼 있다고 말하는 ERP 상관관계는 진실이 된다. 주관적인 경험, 신비주의 계시에 관한 증언, 우주 상수와 물리 법칙, 얽힌 입자 그리고 아인슈타인이 추구했던 매력적인 미학은 유아론을 암묵적으로 인정한다. 유아론은 또한 대통일 이론을 신뢰하는 물리학자들이 끊임없이 도전하도록 부추기는 보이지 않는 원동력이다. 유아론은 진실일 수도 거짓일 수도 있다. 진실이라면 생물중심주의를 지지할 것이고 거짓이라고 해도 문제되지 않는다.

다양한 세계관을 살펴보는 동안에 우리는 생물중심주의가 기존의 다른 이론과 확연히 다르다는 점을 분명히 깨닫게 된다. 두뇌에 관한 연구, 더 나아가 의식을 과학적으로 설명하기 위한 노력, 그리고 신경생물학의 다양한 실증적 접근방식은 우주에 대한 이해의 지평을 넓힐 것이다. 또한 다른 한편에서 동양 사상과의 유사성을 보여줄 것이다.

생물중심주의의 최고 가치는 우리가 시간을 낭비하지 않도록 도움을 줄 것이라는 사실이다. 다시 말해 생물중심주의는 전체로서 우주를 이해하기 위해 우리가 어디에 집중해야 할지 알려준다. 반면 생명이나 의식을 고려하지 않는 '모든 것의 이론'은 결국에 막다른 골목으로 접어들 것이다. 끈 이론 역시 예외가 아니다. 빅뱅을 우주의 시작이라고 말하는, 그리고 엄격하게 시간에 기반을 둔 이론들 모두 만족할 만한 설명이나 결론을 내놓지 못할 것이다. 물론 생물중심주의가 기존 과학에 반대한다는 말은 아니다. 과학은 프로세스 개발과 기술 혁신에 기여함으로써 제한된 범위 내에서 중요한 기능을 수행했다. 하지만 궁극적인 대답을 제시하고자 하는, 그리고 여전히 진실에 목마른 이들은 반드시 생물중심주의에 관심을 기울여야 할 것이다.

SF가 현실이 되다

대중은 우주에 대해 생각할 때
종교나 철학보다는 과학이나 SF 이야기에 더 주목했다.
_로버트 란자

우주에 대한 새로운 접근방식은 언제나 기존의 관성적인 문화적 태도와 갈등을 빚었다. 오늘날 우리는 책과 TV, 인터넷 덕분에 바이러스가 퍼지듯 동일한 세계관을 공유하게 되었다. 지금 일반적으로 인정받는 우주에 대한 모형은 이미 몇 세기 전에 대략적인 모습을 드러냈지만 현대적인 형태는 20세기 중반에 완성됐다. 우주에 대한 현대적인 모형이 자리 잡기 이전에 우주는 언제나 변함없는 모습으로 존재했다. 즉, 우주는 영원한 공간이었다. 이러한 모형은 사변적인 입장에서 강한 설득력을 얻었지만, 1930년에 에드윈 허블(Edwin Hubble)이 우주 팽창론을 주창하면서 흔들리기 시작했다. 다음으로 1965년에 '우주 마이크로파 배경복사(cosmic microwave background radiation)'가 발견되면서 완전히 허물어졌다. 그 두 가지 과학적 성과는 우주가 빅뱅으로부터 시작됐다고 말한다.

빅뱅은 우주가 언젠가 태어났기 때문에 언젠가 죽을 것이라는 사실을 의미한다. 물론 지금의 우주가 끊임없이 반복되는 폭발의 한 주기에 해당하는 것인지, 또는 또 다른 우주가 동시에 존재하는지는 아무도 모른다. 그러므로 현재로서는 "우주가 영원하다"는 주장을 반박할 수 없다. 빅뱅을 중심으로 하는 현대의 우주 모형이 등장하기에 앞서, 우주는 신 또는 신들이 지배하는 신성한 공간이었고, 그 다음으로 의식 없는 물질로 가득하고, 언덕을 구르는 자갈과 같이 무작위한 운동이 유일한 원동력인 공간이었다.

우주의 구성 요소, 살아있는 것과 그렇지 않은 것 사이의 관계, 그리고 우주의 전체적인 구조에 관한 논의를 둘러싸고 사회적으로 용인된 이론은 항상 존재했다. 가령 19세기 초반부터 과학자를 비롯한 일반 대중은 다른 행성이나 달에서도 생명체가 살아가고 있을 것이라 상상했다. 게다가 1800년대 중반까지만 하더라도 영국의 유명 천문학자 윌리엄 허셜(William Herschel)을 포함한 수많은 과학자들이 뜨거운 태양 표면에도 인간과 같은 생명체가 살고 있을 것이라고 생각했다. 그리고 태양 내부의 두 번째 구름층이 활활 타오르는 태양열로부터 그들을 보호해준다고 믿었다. 이후로도 많은 SF 작가들은 19세기로부터 이어져 내려온 외계 생명체에 관한 집착을 버리지 않았고, 더 나아가 화성 침공자까지 등장하는 다양한 작품을 끊임없이 양산했다. 또한 책, 잡지, 영화와 라디오, TV 등 새로운 엔터테인먼트 매체를 통해 무대를 넓혀갔다.

SF 작품들은 문화적 태도 형성에서 큰 힘을 발휘했다. 19세기에 쥘 베른(Jules Verne)과 같은 SF 작가들이 인간이 달에 착륙하는 이야기를 본격적으로 다루기 전만 하더라도 사람들은 그저 허무맹랑한 상상으로만 여겼다. 특히 1960년대에는 우주여행이 SF 소설의 인기 주제로 떠오르면서 거대한 상업적 성공을 거뒀다. 이로 인해 케네디와 존슨, 닉슨 행정부 시절 미국인들은 우주여행 판타지를 현실로 구현하기 위해 세금을 걷어야 한다는 주장에 적극적으로 동의했다.

이처럼 대중은 우주에 대해 생각할 때 종교나 철학보다는 과학이나 SF 이야기에 더 주목했다. 21세기가 시작될 무렵에도 많은 이들이 우주가 오래전 거대한 폭발로 탄생했고, 시간과 공간은 실재하며, 은하계와 별은 점점 더 멀어져가고, 우주는 돌멩이처럼 의식 없는 물질로 가득하며 무작위 원칙에 따라 움직인다고 믿었다. 더 나아가 우리는 독립적인 생명체로서 외부 현실과 마주하며, 그들 사이에는 가시적인 상호연관성이 존재하지 않는다고 믿었다. 이러한 사고방식은 오늘날 주류 세계관을 이룬다.

1960년 전에 나온 SF 영화들 대부분 이러한 세계관에 갇혀 있었다. 인기 있는 소재인 외계인은 일반적으로 다른 행성에서 태어났다. 그리고 인간을 닮은 로봇처럼 생겼다. 〈스타트렉〉에 나오는 클링곤이 그렇다. 게다가 영어까지(심지어 사투리도) 할 줄 안다. 외계인이 인간의 말을 할 줄 모른다면 영화는 지루해질 것이다. 또한 단지 어슴푸레한 형체로 모습을 드러낸다면 묘사가 힘들 것이다.

미국 드라마 〈배틀스타 갤럭티카(Battlestar Galactica)〉의 사일런, 또는 오래전 인기를 끌었던 TV 프로그램 〈모크앤민디(Mork & Mindy)〉에 나오는 매력적인 외계인처럼 유명 SF 시나리오에는 인간과 사랑에 빠지는 외계 생명체가 등장한다. 일반적으로 고독하거나 사랑스런 외톨이로 등장하는 주인공은 외계 침공에 대해 알고 있고, 이로부터 인류를 구할 능력을 갖고 있다.

SF 속 외계인들은 잦은 전쟁이나 헛된 다이어트와 같은 고통으로부터 인류를 구하려하기보다 사악한 음모를 꾸민다. 지난 20년 동안에는 인류가 자신을 배신한 기계와 전쟁을 벌인다는 시나리오가 조금씩 변형돼 지겹도록 반복됐다. 시동이 걸리지 않는 잔디 깎기와 씨름하는 사람을 비롯해 많은 이들이 기계에 대해 갖고 있는 이러저러한 불만과는 차원이 다른 증오심은 〈터미네이터〉 시리즈와 〈아이, 로봇〉 그리고 〈매트릭스〉 3부작을 거치면서 상투적인 주제로 자리 잡았다. 수많은 시나리오가 그러한 증오심을 다뤘다. 그리고 이러한 작품들은 대중의 마음속에 "로봇=나쁜 것!"이라는 무의식적인 메시지를 강하게 심어줬다. 덕분에 충직하고 바보 같은 기계를 개발하는 일은 미래의 로봇 설계자들에게 실질적인 과제로 남았다.

의식의 미스터리

우리가 인식한다는 사실을 인식하는 것은
자신의 존재를 인식한다는 뜻이다.
_아리스토텔레스

생물중심주의를 이루는 핵심 요소인 의식은 과학에 중대한 문제를 안겨다준다. 의식은 우리에게 친숙한 존재이지만 설명하기는 대단히 어렵다. 호주국립대학교에서 의식을 연구하는 데이비드 챌머스(David Chalmers)는 의식에 대해 이렇게 말했다.

"최근 몇 년간 많은 과학자들이 다양한 정신적 현상을 살펴봤지만 의식의 정체를 밝혀내지 못했다. 의식을 설명하기 위해 끊임없이 도전했지만 매번 과녁을 빗나가고 말았다. 몇몇 과학자들은 의식이 해결불가능한 과제이며 확실한 대답은 내놓을 수 없다는 결론에 도달했다."

다양한 책과 논문이 끊임없이 의식을 다뤘다. 1991년 터프츠대학교의 대니얼 데닛(Daniel Dennett)은 도발적인 제목의 저서 《의식의 수수께끼를 풀다(Consciousness Explained)》를 발표했다. 여기서 데닛은 자신이 말한 "타자현상학적(heterophenomenological)" 방법론을 기반으로 삼았다. 그는 자기성찰(introspection, 자신의 심리 상태를 관찰하고 분석하는 방법_옮긴이)이 의식을 설명하는 증거가 아니라 분석이 필요한 데이터라고 말했다. 그는 이렇게 설명했다.

"의식이란 끓어오르는 자율 병렬 프로세싱 덩어리다."

그러나 두뇌가 다중 병렬 프로세싱을 기반으로 시각을 비롯한 다양한 기능을 처리하는 기관이라고 설명했던 데닛은 아쉽게도 의식의 본질과 관련해 의미 있는 결론을 내놓지는 못했다. 그는 야심찬 제목의 책에서 장황한 이야기를 지루하게 늘어놓았고, 결국에는 의식적 경험이 절대적 신비라는 깨달음을 뒤늦게 인정했다. 많은 과학자들이 그의 책을 "의식의 수수께끼를 외면했다(Consciousness Ignored)"라고 비판한 것도 과언은 아니다.

데닛은 주관적 경험의 신비로운 측면을 외면한 채 의식의 피상적이고 다루기 쉬운 측면에만 주목했던, 그리고 신경 메커니즘과 두뇌 회로를 기반으로 의식을 설명하는 표준적인 인지과학 방법론에 영향을 받은 많은 과학자들 중 한 사람이었다.

데닛을 비판했던 챌머스는 '쉬운 과제(easy problems)'라고 부르는 의식의 한 측면이 "다음과 같은 현상을 설명한다"고 말했다.

- 구분하고 분류하고 외부 자극에 반응하기
- 인지 시스템의 정보 통합
- 정신적 상태를 보고하기
- 내적 상태에 접근하기
- 주의 집중
- 행동 통제
- 일상과 수면을 구분하기

유명한 몇몇 책과 논문은 위의 항목이 곧 의식의 본질이라고 말한다. 그러나 신경생물학이 위의 항목을 모두 설명할 수 있다고 하더라도, 생물중심주의 그리고 철학자와 신경과학자들이 말하는 의식의 본질을 설명하는 것은 아니다.

챌머스는 이렇게 지적했다.

"의식의 '어려운 과제(hard problem)' 측면은 '경험'을 말한다. 우리가 인식하고 사고할 때 두뇌 속에서는 정보처리 과정이 시작된다. 그러나 그 과정에는 동시에 '주관적인' 측면이 있다. 이는 곧 경험을 말한다. 예를 들어 눈으로 볼 때, 우리는 시각적 자극을 '경험'한다. 그리고 고통에서 오르가즘에 이르는 여러 가지 감각, 내면에 떠오르는 심상, 다양한 감정, 생각의 흐름을 경험한다. 일부 생명체가 경험의 주체라는 것은 부인할 수 없는 사실이다. 그러나 어떻게 경험의 주체가 될 수 있는가는 힘든 질문이다. 많은 과학자들이 경험은 물리적 기반으로부터 비롯된다는 사실을 인정하고 있지만, 왜, 그리고 어떻게 그렇게 되는지 만족할만한 설명은 내놓지 못했다. 물리적 과정이 어떻게 내적인 경험을 촉발하는가? 말도 안 되는 것처럼 보이지만, 이는 엄연한 사실이다."

많은 과학자들이 의식은 두뇌 기능과 관련된 것이며, 그렇기 때문에 두뇌의 어떤 부위가 어떤 기능을 담당하는지 밝혀내기만 한다면 의식의 문제를 모두 해결한 것이라고 생각한다. 다시 말해, 그들에게 의식의 문제란 메커니즘을 규명하는 간단한 사안이다. 그러나 챌머스가 지적했던 것처럼, 경험과 관련해 대단히 심오하고 복잡한 의식의 측면은 "단지 두뇌 기능에 관한 것이 아니며, 그렇기 때문에 힘든 문제다. 두뇌 기능을 모두 밝혀냈다고 해서 의식의 문제를 해결했다고 말할 수 없는 것"이다. 다시 말해, 신경 정보를 어떻게 분류하고 통합하고 보고하는지 이해한다고 해서 '경험'이 어떻게 이뤄지는지 이해할 수 있는 것은 아니다.

기계나 컴퓨터와 같은 장치는 물리학과 화학만으로 설명이 가능하다. 우리는 오래전부터 메모리 시스템과 정교한 전자 회로 그리고 반도체 기술을 바탕으로 새로운 기계를 개발했다. 언젠가 기계는 스스로 먹고 번식하고 진화하기 시작할 것이다. 그렇다고 해도 우리가 시공간의 논리 기반을 구축하는 정확한 두뇌 회로를 이해할 때까지, 〈스타트렉〉의 데이터 중령이나 영화 〈A.I.〉의 꼬마 로봇처럼 의식을 가진 기계는 등장하지 않을 것이다.

1980년대 초 나는 동물인지와 우리가 세상을 바라보는 방식을 주제로 스키너 교수와 함께 연구하기 위해 하버드로 향했다. 거기서 나는 스키너 교수와 토론하고 함께 실험했다. 당시 스키너 교수는 20년 가까이 비둘기들이 춤추고 탁구 게임을 하도록 학습시키는 연구에만 몰두하고 있었다. 우리의 연구는 큰 성공을 거뒀고 〈사이언스〉를 통해 몇몇 논문을 발표했다. 이 논문은 여러 신문과 잡지에서 다뤄졌는데 〈타임〉은 "비둘기 대화: 조류 두뇌의 승리(Pigeon Talk: A Triumph for Bird Brains)", 〈사이언스뉴스〉는 "유인원 대화: 스키너 새에 대한 두 가지 방법(Ape-Talk: Two Ways to Skinner Bird)", 〈스미소니언〉은 "스키너 교수와 새의 대화(Birds Talk to B. F. Skinner)", 〈사라소타 헤럴드-트리뷴(Sarasota Herald-Tribune)〉은 "행동과학자와 비둘기와의 대화(Behavior Scientists 'Talk' With Pigeons)"라는 제목의 기사로 우리 연구 성과를 적극적으로 보도했다.

스키너 교수는 〈투데이(Today)〉에도 출연해서 흥미로운 실험이었다는 이야기를 들려줬다. 스키너 교수와 함께했던 학기야말로 내가 의과대학에서 보낸 최고의 시절이었다. 학기의 시작부터 느낌이 좋았다. 스키너 교수와 함께한 실험들은 자아란 "우연한 상황에 적절하게 반응하는 행동 목록"이라는 그의 믿음과도 관련이 있는 것이었다. 하지만 나는 그로부터 몇 년 후 행동과학만으로는 다음과 같은 근본적인 질문에 대답할 수 없다는 사실을 깨닫게 됐다.

"의식이란 무엇인가?", "의식은 왜 존재하는가?" 이러한 질문을 외면하는 것은 우주를 향해 로켓을 발사하고 나서도 발사한 이유에 대해서 아무런 설명을 내놓지 않는 것과 같다. 물론 이러한 질문은 일종의 모독이기도 하다. 온화하면서도 자부심 강한 나이 많은 학자에 대한 오랜 믿음을 저버리는 것이다. 이 질문은 잠자리나 강둑을 따라 푸르스름한 빛을 발산하는 반딧불이의 신비처럼 여전히 미해결 과제로 남아 있다. 어쩌면 뉴런 작용을 기반으로 의식의 존재를 설명하고자 했던 신경과학의 노력은 헛된 도전이었는지 모른다.

초기 실험들은 두뇌의 모든 시냅스 연결을 이해하면 의식의 문제를 해결할 수 있을 것이라는 가능성을 보여줬다. 그러나 그 이면에는 언제나 비관주의가 자리 잡고 있었다. 챌머스는 이렇게 말했다.

"신경과학은 많은 이야기를 들려주겠지만 의식적인 경험을 완전하게 설명할 수는 없을 것이다. 이 과제를 해결하기 위해서는 새로운 형태의 이론이 필요할 것이다."

실제로 1983년에 인지과학 및 인공지능 연구보고위원회(Research Briefing Panel on Cognitive Science and Artificial Intelligence)는 〈국립학술리포트(National Academy Report)〉를 통해 그 과제는 "우주의 진화와 생명의 기원 또는 기본 입자의 본질에 대한 이해처럼 중요하고 근본적인 과학의 신비를 상징하는 것이다"라고 설명했다.

오늘날 신경과학자들은 두뇌가 어떻게 다양한 정보 조각을 조합하는지 설명을 내놓고 있다. 가령 형태와 색상, 향기처럼 꽃의 다양한 특성을 가지고 우리 두뇌가 어떻게 전체로서의 꽃을 인식하는지 설명하고 있다. 스튜어트 하머로프(Stuart Hameroff)와 같은 과학자들은 "인식 과정이 대단히 근본적인 차원에서 진행되기 때문에 양자 역학과 관련이 있다"고 주장한다. 크릭이나 크리스토프 코흐(Christof Koch)와 같은 과학자들은 "인식 과정이 뉴런의 동기화를 통해 이뤄진다"고 말한다. 기본적인 현상에 대한 학자들 간의 이러한 의견 불일치는 앞으로 해결해야 할 과제가 산적해 있다는 사실을 말해준다.

사반세기 동안 신경과학과 심리학은 크게 진화했다. 그럼에도 이들 분야는 구조와 기능을 설명하는 이론에 불과하다. 두뇌의 구조와 기능이 어떻게 의식적 경험으로 이어지는지에 대해서는 아무런 이야기를 들려주지 않는다. 의식이 난해한 문제인 것은 물리적 과정이 주관적인 경험으로 이어지는 과정을 밝혀낼 수 없기 때문이다. 노벨 물리학상을 수상자 스티븐 와인버그도 이러한 문제를 알고 있었다. 그는 비록 의식이 뉴런과 관련 있다 하더라도, 의식의 존재를 물리 법칙으로부터 이끌어낼 수 없을 것이라고 말했다. 에머슨의 다음과 같이 표현한 것처럼 물리 법칙은 우리의 모든 경험과 모순된다.

> 우리는 비판적 사고가 아니라 성스러운 곳에서 문득 자아를 발견하게 된다. 그러므로 신중하고 경건한 마음으로 나아가야 한다. 우리는 세상의 비밀 앞에 서 있다. 거기서 존재가 모습을 드러내고, 하나에서 만물이 탄생한다.

의식의 문제를 깊이 고민했던 와인버그와 같은 많은 과학자들은 우리가 알고 있는 화학과 물리학 지식 그리고 뉴런의 구조와 끊임없이 기능하는 복잡한 인지 시스템에 대한 지식으로 바라볼 때, 인간의 의식은 너무도 충격적인 현상이라고 불만을 토로한다. '존재'한다는 느낌, 그리고 살아있다는 주관적 느낌은 너무도 자명해서 우리는 그 느낌에 대해 좀처럼 생각하지 않는다. 또한 어떠한 과학 이론도 그러한 느낌이 어디서 비롯되는지 설명하지 않는다. 이해에 도움을 주는 어떤 암시도 제시하지 않는다.

많은 물리학자들은 조만간 '모든 것의 이론'에 도달할 것이라고 말한다. 그러나 브리태니커 백과사전 발행인 폴 호프만(Paul Hoffman)은 "세계 최대의 미스터리인 의식의 존재를 지금으로서는 도무지 설명할 방법이 없다"고 말했다. 물론 의식의 정체가 아주 조금씩 밝혀지고 있기는 하지만 그 과제를 최종적으로 해결해야 할 분야는 다름 아닌 생물학이다. 지금까지 물리학이 그 과제에 도전했지만 한계에 부딪히고 말았다. 물리학은 의식에 대해 어떤 해답도 내놓지 못했다. 오늘날 의식을 연구하는 과학자들은 뉴런 시스템과 두뇌의 기능적 부위에 집중하는 기존의 접근방식에서 벗어날 탈출구를 모색하고 있다. 두뇌의 어떤 부위가 후각을 담당하는지 알아냈다고 해서 모닥불이 타는 냄새를 맡으면 왜 아련한 느낌이 드는지 설명할 수 있는 것은 아니다. 이와 같은 주관적 경험과 관련해 현대 과학은 궁지에 몰려 있다. 어느 누구도 여기서 벗어나려는 모험을 하지 않는다. 그들의 두려움은 고대 그리스인들이 태양에 대해 느꼈던 경외감과 같다. 그리스인들은 하루에 한 번 하늘을 가로지르는 뜨거운 공의 본질에 대해 감히 알려고 들지 않았다. 분광기가 개발되기 무려 2,000년 전에 무슨 수로 태양의 본질에 접근할 수 있었겠는가?

에머슨은 이렇게 말했다.

"자연과 생각의 놀라움을 깨닫게 하소서. 최고의 존재와 함께 살아가고 자연의 원천이 마음속에 있음을 깨닫게 하소서."

스키너가 그랬던 것처럼 물리학자들도 그들의 한계를 인정했다면 어땠을까? 현대 행동주의(behaviorism) 심리학 창시자인 스키너는 인간의 내면에서 일어나는 현상을 이해하려 하지 않았다. 그는 조심스럽게도 인간의 마음을 "블랙박스"라고 불렀다. 그리고 우주의 본질과 시공간의 개념에 대해 이렇게 말했다.

"어떻게 생각을 시작해야 할지 모르겠다. 시공간의 본질에 어떻게 접근해야 할지 모르겠다."

스키너의 겸손은 인식론적 지혜를 드러내는 것이었다. 또한 나는 그의 부드러운 시선 속에서 그 주제에 대한 막막함을 느꼈다.

원자와 단백질만으로 의식의 문제를 풀 수는 없다. 다양한 신경 자극이 두뇌 속에서 자동적으로 통합되는 것은 아니다. 신경 자극은 컴퓨터 속 정보와 다를 바 없다. 사고와 인지는 저절로 이뤄지는 것이 아니라, 우리의 마음이 경험과 관련해 시공간적 관계를 생성하기 때문에 가능하다. 신경 자극을 의미 있는 지각 정보로 전환하기 위해서 시공간적 관계, 즉 감각적 직관의 내적·외적 형태를 창조해야 한다. 시공간적 관계는 우리가 정보를 해석하고 이해하는 기반이기 때문에, 즉 지각 정보를 3D로 구현하는 정신적 메커니즘이기 때문에, 우리는 그 관계를 생성하지 않고서는 어떠한 경험도 할 수 없다. 이러한 점에서 우리의 마음이 이러한 관계 이전에 시공간에 존재하는 것으로, 다시 말해 시공간적 질서 속에서 인식이 이뤄지기 전에 두뇌 회로 속에 이미 존재하는 것으로 보는 것은 잘못된 접근방식이다. CD 플레이어로 음악을 들을 때를 생각해보자. CD에는 정보만이 들어 있다. 그리고 플레이어가 돌아갈 때, 그 정보는 음악으로 흘러나온다. 음악은 이러한 방식으로 세상에 존재한다.

에머슨은 말했다.

"마음과 자연은 서로 얽혀 있다."

결론적으로 세상은 상호관계성 속에 존재한다. 의식이 곧 물리적 구조나 기능은 아니다. 의식은 땅을 뚫고 솟아나는 대나무처럼 시공간의 현실로부터 모습을 드러낸다. 그렇다면 SF가 주목하는 생각하는 기계는 어떤가? 과학자이자 SF 작가인 아이작 아시모프(Isaac Asimov)는 이렇게 물었다.

"컴퓨터와 로봇이 결국 인간의 능력을 완전히 대체할 것인지 어떻게 궁금하지 않겠는가?"

나는 스키너 교수의 80세 생일파티에서 우연히 세계적인 인공지능 전문가의 옆 자리에 앉게 되었다. 대화 도중에 그는 내게 물었다.

"스키너 교수님과 함께 연구를 하셨더군요. 비둘기의 마음을 복제할 수 있을 거라고 생각하세요?"

"감각 운동 기능이라면 가능합니다. 하지만 의식은 아니죠. 그건 불가능합니다."

"이해할 수가 없군요."

그때 스키너 교수가 연단으로 올라섰고 사회자는 참석자들과 잠깐 이야기를 나누는 시간을 마련했다. 어쨌든 그 행사는 스키너 교수의 생일을 축하하기 위한 자리였다. 그런 만큼 제자가 나서서 의식에 관한 그의 생각을 비판하기에는 좋은 장소는 아니었다. 그럼에도 나는 그 자리에서 의식의 본질을 이해할 때까지는 인간이나 비둘기 또는 잠자리의 마음을 기계 속에 심어 넣을 수는 없을 것이라고 말했다. 기계와 컴퓨터는 오로지 물리 법칙에 따라 움직인다. 기계와 컴퓨터가 시공간 속에 존재하는 것은 오로지 관찰자의 의식 속에만 가능하다. 인간이나 비둘기와는 달리 기계와 컴퓨터는 지각과 자의식을 뒷받침하는 통합적인 감각 경험이 없다. 통합적 감각 경험이 있어야 이와 관련된 시공간적 관계를 생성할 수 있다.

출생의 순간, 즉 의식적 존재가 세상에 모습을 드러내는 순간을 연구하는 학자라면 기계에 의식을 주입하는 것이 얼마나 어려운 일인지 알 것이다. 의식은 어떻게 모습을 드러내는가? 힌두교는 의식 또는 지각 능력이 임신 3개월째 발생한다고 믿는다. 그러나 솔직한 과학자라면, 의식이 개별적·집합적으로 또는 분자와 전자기로부터 어떻게 발생하는지 아무것도 모른다는 사실을 인정해야 할 것이다. 의식은 정말로 어떻게 모습을 드러내는 것일까? 과학자들은 일반적으로 우리 몸을 구성하는 세포가 수십억 년 전에 분화를 시작한 생명의 온전한 개체라고 말한다. 그렇다면 의식은 어떤가? 의식은 무엇보다 더 온전한 개체다. 사람들 대부분 우주가 의식과 무관하게 존재한다고 생각하지만, 앞서 우리는 그것이 터무니없는 가정이라는 사실을 살펴봤다. 그렇다면 의식은 어떻게 시작되는 것일까? 어떤 과정을 거쳐 모습을 드러내는 것일까? 우리는 이 수수께끼를 풀어낼 것인가? '의식'은 '모든 것'과 동의어인가?

과거와 현재의 진지한 사상가들의 말이 옳았다. 의식은 최대의 미스터리다. 아무리 중요한 주제라도 의식과 비교할 때 보잘것없다. 관찰자 의존적인 이론이 지난 75년 가까이 물리학 세상에서 크게 유행했다는 사실은 우리의 논의가 뜬구름 잡는 소리나 사변적인 철학이 아니라는 것을 말해준다. 물리학 분야에서 관찰자의 역할과 의미에 대한 이야기는 이제 전혀 새로운 주제가 아니다. 가령 오스트리아의 이론물리학자 에르빈 슈뢰딩거의 유명한 사고 실험이 그렇다. 그는 이를 통해 우리가 일상적으로 생각하는 마음과 물질의 관계가 양자 실험에서는 얼마나 터무니없는 것인지 보여주고자 했다.

상자 안에 방사선 물질이 들어 있다. 이 물질은 방사선을 방출할 수도 있고 그렇지 않을 수도 있다. 두 가지 가능성이 공존한다. 여기서 코펜하겐 해석에 따른다면, 잠재적인 결과는 관찰이 이뤄지기 전까지 실현되지 않을 것이다. 파동함수가 붕괴하고 나서야 방사선이 방출이 되었는지 아닌지 알 수 있다. 자, 여기까지는 별 문제 없다. 다음으로 방사선 방출 여부(가능성이 실현됐는지)를 확인할 수 있는 가이거 계수기를 상자 안에 놓아둔다. 만약 방사선이 방출된다면 감지기와 연결된 장치가 방아쇠를 당기고, 그러면 망치가 떨어지면서 시안화 가스가 든 유리병을 깨트리게 된다.

그러면 고양이는 죽는다. 다시 한 번 코펜하겐 해석에 따른다면 방사선의 방출, 망치, 고양이는 모두 하나의 양자 시스템을 이룬다. 그러나 상자를 열어볼 때까지는 고양이가 살았는지, 죽었는지 알 수 없다. 여기서 상자를 여는 관찰 행위는 잠재적 가능성을 현실로 전환하는 역할을 한다.

슈뢰딩거는 이렇게 물었다.

"그런데 그 사실은 무엇을 의미하는가?"

며칠 뒤 상자를 열었을 때, 이미 죽어서 썩어가는 고양이를 발견했다고 해보자. 그렇다면 상자를 열어보기 전까지 고양이가 두 가지 가능성의 상태에 머물러 있었다고 말할 수 있는가? 아니면 이미 며칠 전에 죽었다고 말해야 할 것인가? 코펜하겐 해석에 따른다면, 상자를 열어보고 과거 사건을 확인할 때까지 고양이는 살아있으면서 동시에 죽어있었다. 정말로 그런가?

그렇다(고양이 스스로 관찰자가 아니라면, 즉 상자를 열어볼 때까지 초기 파동함수가 붕괴되지 않았다면 말이다). 지금도 많은 물리학자들이 그렇게 믿고 있다. 마찬가지로 우리는 지금도 우주가 138억 년 전에 빅뱅으로 시작됐다고 믿는다. 하지만 빅뱅은 우리가 실제로 일어났을 것이라 생각하는 사건에 불과하다. 양자 이론은 우리에게 확실한 이야기를 들려준다. 그것은 우주가 수십억 년 동안 그렇게 존재해왔던 것처럼 보인다는 것이다. 양자 역학에 따르면, 우리의 지식은 중요하고 분명한 한계를 간직하고 있다.

그러나 관찰자가 없다면 우주는 절대 '~처럼' 보이지 않을 것이다. 이는 분명한 사실을 말해준다. 그것은 우주는 '~처럼' 보이는 방식으로밖에 존재할 수 없다는 것이다. 스탠포드대학교 물리학자 안드레이 린드(Andrei Linde)는 이렇게 말했다.

"우주와 관찰자는 쌍으로 존재한다. 의식의 존재를 외면하고서 우주에 관한 일관적인 이론을 완성할 수 없다. 관찰자 없이 우주의 존재를 주장할 수 없다."

프린스턴대학교의 뛰어난 물리학자 존 휠러는 오래전부터 아주 먼 거리에 있는 준항성체가 발하는 빛을 관찰할 때(앞쪽에 위치한 은하계를 중심으로 굴절돼 양측에 모습을 드러낸다) 거대한 규모로 양자를 관찰할 수 있다고 주장했다. 그의 설명에 따르면, 지금 우리의 관찰은 수십억 년 전에 그 광원이 취한 불확실한 경로를 결정짓는 행위다. 다시 말해, 현재가 과거를 창조하는 것이다. 여기서 우리는 앞서 대략적으로 살펴봤던 양자 실험을 떠올리게 된다. 그 실험에서도 지금의 관찰 행위가 쌍둥이 입자가 과거에 택한 경로를 결정짓는다.

2002년에 〈디스커버(Discover)〉는 과학 저자인 팀 폴거(Tim Folger)를 메인 주 해변 지역으로 보내 존 휠러와 인터뷰를 나누도록 했다. 당시 '인류발생 이론(anthropic theory)'에 관한 휠러의 주장은 학계에서 심도 있게 다뤄지고 있었다. 휠러는 90대의 나이로 그가 지향하고 있던 방향을 염두에 두고서 〈디스커버〉가 기사 제목을 "우리가 보고 있지 않아도 우주는 존재하는가?"라고 정한 것이 아니냐며 따져 묻기도 했다. 그는 우주가 의식 있는 관찰자나 생명 없는 물질 덩어리와 상호작용을 하지 않는 "거대한 불확실성의 구름으로 가득하다"고 말했다. 이러한 생각에 따를 때, 우주는 "과거가 아직 과거가 아닌 영역을 포함한 거대한 경기장"이다.

지금쯤이면 아마도 머리가 지끈거릴 것이다. 잠시 내 이웃인 바바라 아줌마에게로 시선을 돌려보자. 바바라 아줌마는 분명히 존재한다고 확신하는 물잔을 손에 들고 거실에서 편안히 휴식을 취하고 있다. 언제나 그렇듯 바바라 아줌마의 집에는 벽에 걸린 그림, 주물로 만든 스토브, 오래된 오크 탁자가 있다. 아줌마는 이 방 저 방을 걸어서 돌아다닌다. 그릇과 침대보, 예술품, 작업실 기계와 공구 그리고 90년 세월 동안 내린 모든 선택이 지금 아줌마의 삶을 이루고 있다.

아줌마는 매일 아침 현관문을 열고 〈보스턴글로브(Boston Globe)〉를 집어오거나 때로는 정원을 돌본다. 그리고 베란다 뒷문을 열고 바람개비들이 있는 잔디밭으로 걸어나간다. 산들바람이 불 때면 바람개비는 쇳소리를 내며 힘차게 돌아간다. 아줌마는 자신이 집 안에 있건 문밖을 나서건 세상은 쉼 없이 돌아간다고 믿는다.

아줌마는 욕실에 있을 때 부엌이 사라질 것이라고, 또는 잠자는 동안 정원과 바람개비가 증발해버릴 것이라고 의심하지 않는다. 그리고 식품점에서 쇼핑할 때 다른 가게와 진열품이 몽땅 사라질 것이라고 생각하지 않는다.

아줌마가 방으로 들어설 때, 그래서 더 이상 부엌의 존재(식기세척기 돌아가는 소리, 시계 초침 소리, 싱크대 물이 빠지는 소리, 닭고기 익는 냄새 등)를 인식하지 못할 때, 부엌과 주방기구는 태곳적 에너지-무(energy-nothingness), 또는 확률의 구름으로 흩어진다. 우주는 오로지 생명으로부터 존재를 드러낸다. 좀 더 쉽게 설명해서, 자연과 의식 사이에는 영원한 상관관계가 존재한다.

모든 삶에는 '현실 영역(spheres of reality)'을 포괄하는 우주가 존재한다. 두뇌는 눈, 코, 입, 피부를 통해 수집한 모든 감각 정보를 가지고 형상을 만들어낸다. 우리가 살아가는 지구는 수십억 개의 현실 영역, 내적·외적 융합, 엄청난 범위를 아우르는 혼합으로 이뤄져 있다.

그런데 정말로 그런 것일까? 매일 아침 눈을 떴을 때, 맞은편에 화장대가 보인다. 똑같은 청바지와 좋아하는 티셔츠를 꺼내 입고 슬리퍼를 신고서 부엌에서 커피를 내린다. 상식적인 사람이라면 틀림없이 존재하는 이 거대한 세상이 사실은 자신의 머릿속에 존재하는 것이라고 상상이나 하겠는가? 이를 깨닫기 위해서 은유가 필요하다.

화살이 멈추고 달이 사라지는 세상을 이해하기 위해, 전자기기와 우리 몸의 감각 기관을 한번 살펴보자. DVD 플레이어 안에 들어 있는 전자장치는 디스크를 영화로 살아나게 만든다. 이 장치는 디스크 정보를 변환하고 생명을 불어넣어 2차원 영상으로 보여준다. 마찬가지로 두뇌는 우주에 생명을 불어넣는다. 즉, 우리 두뇌는 DVD 플레이어 속 전자장치와 같은 것이다.

생물학 관점에서 설명하자면, 두뇌는 다섯 가지 감각 기관을 통해 유입된 전기화학적 자극을 조합함으로써 다른 사람의 얼굴, 지금 읽고 있는 페이지, 우리가 머무르는 방, 주변의 모든 환경, 다시 말해 통합적인 3차원 세상으로 변환한다. 두뇌는 지각 정보를 너무나도 생생한 현실로 전환하기 때문에 우리는 그 과정이 어떻게 일어나는지 의식하지 못한다. 두뇌는 3차원 우주를 창조하는 대가이며, 우리는 자신이 바라보는 대상이 객관적으로 존재하는 세상이라고 절대적으로 확신한다. 우리 두뇌는 유입된 지각 정보를 분류하고 정리하고 해석한다. 가령 태양의 전자기 에너지를 실어나르는 광자는 그 자체로 아무런 형태를 취하지 않는다. 광자는 단지 에너지의 조각이다. 광자는 주변 사물과 무수히 부딪히고 그 과정에서 발생한 다양한 파장이 우리 눈으로 들어온다. 이는 다시 망막에 정교하게 배열된 고깔 모양의 시신경 세포를 자극하고 이들 세포는 세상의 어떤 컴퓨터보다 빠른 속도로 반응한다. 그러면 두뇌 속에서 세상이 모습을 드러낸다. 3장에서 살펴봤듯이 그 자체로 아무런 특성도 없는 광자는 이제 색깔과 모양을 갖춘 마법의 향기 주머니로 변신한다. 두뇌의 뉴런 네트워크에서는 병렬 프로세싱

이 음속의 3분의 1 속도로 이뤄지기 때문에 우리는 그 정보를 즉각적으로 이해한다. 이는 대단히 중요한 단계다. 오랫동안 앞이 보이지 않는 채로 살다가 시각 기능을 회복한 이들은 혼란과 불안을 경험한다. 그들은 우리처럼 보지 못한다. 새롭게 획득한 정보를 의미 있게 처리하지 못하기 때문이다.

시각, 촉각, 후각의 경험은 마음 안에서 일어난다. 그 어떤 경험도 '외부'에서 이뤄지지 않는다. 다만 언어적 편의성으로 그렇게 표현하는 것일 뿐이다. 관찰은 에너지와 마음이 직접적으로 상호작용을 나누는 행위다. 우리가 관찰하지 않는 세상은 가능성으로만 존재한다. 수학적으로 말해서 '확률의 안개'로서 존재한다. 휠러는 말했다.

"관찰이 이뤄지기 전까지 아무것도 존재하지 않는다."

우리의 마음이 전자계산기처럼 작동한다고 생각해보자. 계산기를 사서 포장을 벗긴다. '4×4'를 입력하면 계산기 액정은 '16'을 보여준다. 예전에 한 번도 그러한 연산 작업을 해보지 않았음에도 말이다. 계산기는 일련의 법칙을 따른다. '10+6'이나 '25−9'를 입력해도 계산기는 16이라는 숫자를 보여준다. 한 걸음 물러서 생각해본다면, 달이 모습을 드러냈는지 구름 뒤에 숨었는지, 초승달인지 보름달인지 인식하는 것은 여러 가지 숫자를 입력해서 '액정'에 특정한 숫자가 나타나는 것과 같다.

우리가 하늘을 바라볼 때 물리적 현실이 완성된다. 달은 수학적 확률의 세상에서 벗어나 관찰자의 의식 속으로 들어설 때 비로소 존재하게 된다. 사실 달을 이루는 원자들 사이의 간격은 엄청나게 넓다. 말하자면, 실제로 달은 텅 빈 공간인 셈이다. 달에게는 단단한 특성이 없다. 단단함은 결국 두뇌의 산물이다.

〈플레이보이〉 표지를 흘낏거리는 사춘기 청소년처럼 확률의 안개가 흩어지기 전에 어떻게든 그 모습을 확인하려 들 수도 있다. 이를 위해 빛의 속도로 시선을 던질 것이다. 그러나 우리는 존재하지 않는 것은 볼 수 없다. 이러한 시도는 헛된 노력이다.

여러분은 어쩌면 이 모든 이야기가 말도 안 되는 소리라고 생각할지 모른다. 우리 두뇌에 현실을 창조하는 장치가 들어 있을 리 없다고 반박할지 모른다. 그렇다면 꿈속에서 우리는, 또는 정신분열증 환자는[영화 〈뷰티풀마인드(A Beautiful Mind)〉를 떠올려보자] 현실의 우리와 똑같이 시공간적 현실을 생생하게 구성한다는 사실에 주목하자. 의사로서 나는 정신분열증 환자들이 '보고', '듣는' 장면과 소리 역시 지금 우리가 읽고 있는 페이지나 앉아 있는 의자만큼 생생한 현실이라는 사실을 잘 알고 있다.

마침내 우리는 가상 세계의 경계에 도달했다. 동화 속 세상 안에서는 여우와 토끼가 서로 "잘 자"라는 인사를 건넨다. 잠을 잘 때, 우리의 의식은 사라지고 시공간의 연결 고리도 끊어진다. 즉, 시간과 공간이 사라진다. 그렇다면 우리는 자신을 어디서 발견하는가? 의식은 어쩌면 에머슨의 표현대로 "헤르메스가 달과 주사위 게임에서 이겨 오시리스가 태어났던 것처럼" 어디선가 삽입된 것일지 모른다. 우리는 지구의 표면처럼 의식의 껍질만을 안다. 의식 아래에는 무의식의 세상이 있다. 그러나 무의식의 정신적 기능은 의식과 동떨어져 있으며, 바위나 나무와 마찬가지로 시공간 속에 존재하지 않는다.

그리고 그 한계와 관련해, 경계는 우리가 상상할 수 있는 방식으로 존재하는 것일까? 아니면 우리의 상상보다 더 단순한 것일까? 소로는 말했다.

"모든 가능성이 언제나 존재한다."

그게 정말일까? 전자를 가지고 했던 실험처럼 하나의 입자가 두 장소에 동시에 존재할 수 있을까? 연못 위를 날아다니는 새, 들판에 핀 동자꽃과 민들레, 또는 북극성은 어떤가? 이들을 독립적인 개체로 만들어주는 공간은 우리를 어떻게 현혹하는가? 이들 역시 "독립적인 사건은 상호 영향을 미치지 않는다"고 실험을 통해 주장했던 벨이 주목한 현실 속 사물이 아니던가?

우리가 처한 상황은 앨리스가 스스로 흘린 눈물의 연못 속에 빠진 것과 다르지 않다. 우리는 연못 속 물고기와 상관없이 존재한다고 믿는다. 물고기는 우리와 달리 비늘로 덮여 있고 지느러미로 헤엄을 친다. 그러나 양자 이론의 권위자 베르나르 데스파냐(Bernard d'Espagnat)는 말했다.

"비분리성(non-separability)은 물리학의 보편적인 개념이 되었다."

이 말은 우리의 의식이 벨의 실험 속 입자처럼 인과관계 법칙을 초월하는 방식으로 연결돼 있다는 뜻이 아니다. 우주의 반대쪽 끝에 두 개의 감지기를 설치한다고 상상해보자. 그리고 우주의 중심에서 두 감지기를 향해 광자를 주사한다. 그런데 실험자가 광자의 편광을 바꾼다면 100억 광년 떨어진 사건에 즉각 영향을 미치게 된다. 그러나 그 과정에서 A 지점에서 B 지점으로, 또는 한 실험자에게서 다른 실험자로 어떠한 정보도 전송되지 않는다. 엄격하게도 저절로 이뤄진다.

이러한 맥락에서 우리는 연못 속 물고기와 이어져 있다. 우리는 자신을 둘러싼 벽이 있다고 생각하지만, 벨의 실험 결과는 전통적인 사고방식을 초월하는 인과관계가 있음을 말해준다.

소로는 말했다.

"인간은 시스템 변두리에 있는, 가장 먼 별보다 더 멀리 있는, 그리고 아담이 태어나기 전이나 최후의 인간이 죽은 이후에나 있을 진리를 숭배한다. 그러나 그 모든 시간과 공간, 사건은 지금 여기에 존재한다."

제19장

죽음은 존재하지 않는다

마음은 육체와 함께 소멸하지 않고 영원히 남는다.

_스피노자

생물중심주의 세계관은 우리 삶을 어떻게 바꿔놓을까? 사랑, 공포, 슬픔과 같은 감정에 어떤 영향을 미칠까? 무엇보다 죽음, 그리고 몸과 마음의 관계를 바라보는 시선을 어떻게 변화시킬까?

삶의 애착과 그에 상응하는 죽음의 두려움은 인간의 보편적 관심사다. 그리고 영화 〈블레이드러너(Blade Runner)〉에 등장하는 복제인간처럼 어떤 이들에게는 집착적인 사안이다. 그러나 물리학 기반의 기존 세계관에서 벗어나 생물중심주의 관점에서 바라볼 때, 생생하고 또렷했던 세상이 갑자기 흐려지기 시작한다.

에피쿠로스학파의 루크레티우스는 이미 2,000년 전에 "죽음은 두려워할 대상이 아니다"라고 말했다. 시간에 대한 그의 성찰은 현대 물리학과 비슷한 이야기를 들려줬다. 그것은 마음속 지각이야말로 궁극적인 현실이라는 것이다. 그렇다면 궁극적 현실은 육체의 죽음과 함께 소멸할 것인가?

지금부터 잠시나마 과학을 떠나 생물중심주의가 주장하고 허용하는 것을 살펴보자. 솔직하게 말해서 사변적인 이야기가 되겠지만, 의식에 의존하는 우주를 기반으로 논리적인 접근방식을 따른다는 점에서 단지 형이상학적인 이야기는 아니다. 물론 근엄한 표정으로 "사실만 말하세요"라고 요구하는 이들은 어떤 주장도 잠정적인 결론 이상으로 받아들이려 하지 않겠지만 말이다.

에머슨은 《초영혼(The Over Soul)》에서 이렇게 설명했다.

> 감각의 위력은 사람의 마음을 압도해 시간과 공간이 단단하고, 실재적이고, 뛰어넘을 수 없는 벽으로 보이게끔 만든다. 이러한 벽의 가변성에 대해 말하는 것은 광기를 드러내는 일이다.

내가 그 진리를 처음으로 깨달았던 순간이 떠오른다. 전차가 내 앞에 멈춰서면서 노면에 불꽃이 일었다. 바퀴의 마찰 소리와 함께 종소리가 울렸다. 커다란 덩치의 전차는 여러 마을을 돌아서 보스턴을 넘어 록스버리까지 운행하면서 나를 고향의 마을로 데려다줬다. 나는 내가 태어나고 자란 언덕 기슭에서 인도나 나무에 새겨넣었던 이니셜, 또는 아마도 구두 상자에 넣어 보관해뒀을 녹슨 장난감을 내 자신의 불멸성에 대한 증거로 발견할 수 있기를 바랐다.

그러나 그곳에 도착했을 때 눈에 들어온 것은 버려진 트랙터들이었다. 마을은 빈민가처럼 변해 있었다. 내가 살았던 집, 친구들과 함께 놀았던 이웃집, 마당과 나무들 모두 사라지고 없었다. 과거의 세상은 이미 소멸해버렸다. 그러나 마음속에서는 햇살을 받아 빛나는 모습으로 남아 눈앞의 풍경과 겹쳐 보였다. 나는 쓰레기 더미와 형체를 알 수 없는 건물 잔해를 지나 걸어봤다. 연구실 동료들이 실험을 하고 블랙홀과 방정식에 몰두했을 봄날에 나는 텅 빈 마을의 주차장 한편에 주저앉아 끝없이 펼쳐진 시간의 수수께끼에 괴로워했다. 거기서 나는 떨어진 낙엽이나 늙어버린 친구를 만나지 못했다. 대신에 내가 알고 있던 세상을 넘어 숨겨진 영원의 세상으로 들어서는 비밀의 통로를 발견한 듯한 느낌이 들었다.

아인슈타인이 〈물리학 연보(Annalen de Physik)〉에서 그랬던 것처럼, 레이 브래드버리(Ray Bradbury)는 자신의 대표작 《민들레 와인(Dandelion Wine)》을 통해 시간의 수수께끼를 보여줬다.

> 벤틀리 부인이 말했다.
>
> "내가 제인과 앨리스 너희들처럼 어린 소녀였을 때 말이다⋯."
>
> 제인이 웃음을 터뜨렸다.

"우릴 놀리는 거죠? 열 살이었던 적이 있었다고요?"

부인은 소녀들의 눈을 쳐다보지 못하고 소리를 질렀다.

"농담이 아니라니까!"

"그러면 이름이 헬렌이 아니었겠네요?"

"당연히 헬렌이었지!"

"갈게요."

두 소녀의 웃음소리가 그늘진 잔디밭 속으로 사라졌다. 톰이 천천히 뒤를 따르며 말했다.

"아이스크림 고마웠어요!"

부인은 아이들이 사라진 쪽으로 외쳤다.

"그때 나도 돌차기를 하며 놀았다고!"

하지만 모두 사라진 뒤였다.

고향 마을의 폐허 속에서 나는 벤틀리 부인처럼 현재에 존재한다는 사실이, 그리고 내 마음이 공터를 가로질러 낙엽을 쓸고 다니는 바람처럼 시간의 끝을 달리고 있다는 사실이 낯설게 느껴졌다.

벤틀리 씨는 이렇게 말했다.

"여보, 시간은 절대 이해하지 못할 거요. 그렇지 않소? 당신은 아홉 살 시절에 언제나 아홉 살로 남아 있을 것이라 생각했지. 서른이 되었을 때 화려하게 빛나는 생의 한 가운데에 언제나 머물러 있을 것이라 믿었지.

그리고 일흔이 되었을 때에도 영원히 일흔에 머물러 있었어. 언제나 지금을 살고 있다고. 젊은 지금과 늙은 지금을 말이오. 그 밖에 다른 지금이란 없어."

벤틀리 씨의 말은 의미심장하다. 현재와 과거를 구분하는, 즉 하나의 지금과 다른 지금을 나누면서 동시에 의식의 흐름에 연속성을 부여하는 시간이란 무엇인가? 만약 사람들은 여든 살은 마지막 '지금'이라고 생각한다. 하지만 시간과 공간이(이제 불변의 실체가 아니라 직관의 기반이라고 여겨지는) 사실은 '항상' 존재하는 것이 아니라면? 죽음을 앞둔 고양이조차 그 평온한 눈을 들어 지금 여기서 끊임없이 변화하는 만화경을 계속해서 주시한다. 죽음을 생각하지 않기에 두려움도 없다. 벌어질 일은 결국 벌어진다. 우리는 죽음을 믿는다. 인간은 모두 죽는다고 들었기 때문이다. 또한 자신과 자신의 육체가 연결돼 있다고 생각하기 때문에, 언젠가 육체가 스러질 때 모든 이야기가 끝날 것이라고 믿는다.

종교는 앞으로도 끊임없이 사후 세계에 관한 이야기를 들려줄 것이다. 그런데 어떻게 사후 세계의 존재를 확신할 수 있는가? 물리학은 에너지는 사라지지 않으며, 우리의 두뇌와 마음 그리고 살아있다는 느낌은 전기 에너지로 작동하기 때문에 마찬가지로 소멸하지 않을 것이라고 말한다. 물론 이런 식의 설명은 지성적인 차원에서 멋지고 희망적으로 들린다. 그러나 신경과학자들이 계속된 실패에도 끊임없이 도전하는 동안, 지금 우리가 걷는 길로부터 꿈의 통로가 멀리 뻗어 있는 것처럼 생명의 '감각'이 사후에도 그대로 이어질 것이라고 어떻게 장담할 수 있을까?

반면 시간과 공간이 사라진 의식의 우주를 바라보는 생물중심주의는 어떠한 측면에서도 완전한 죽음을 인정하지 않는다. 육신이 소멸할 때, 우리는 무작위의 원칙이 지배하는 당구대가 아니라 모든 것이 필연적으로 살아있는 세상에 존재한다.

과학자는 개체가 시작되고 끝나는 지점을 정의한다. 일반적으로 대중은 〈스타게이트〉 〈스타트렉〉 〈매트릭스〉와 같은 SF 작품 속에 등장하는 평행우주론을 믿지 않는다. 그러나 실제로 대중문화는 점차 많은 과학적 진실을 드러내보이고 있다. 그리고 이러한 흐름은 시간과 공간이 우주의 실체가 아니라 생명에 귀속된 특성이라고 말하는 새로운 세계관과 더불어 더욱 가속화될 것이다.

기존의 과학적 세계관은 죽음을 두려워하는 이들에게 어떤 탈출구도 보여주지 않았다. 그러나 우리가 무한한 시간의 최전선에 우연히 존재하는 것처럼 보이는 이유는 무엇일까? 대답은 간단하다. 문은 '절대로' 닫히지 않기 때문이다. 의식이 소멸할 수학적 확률은 제로다.

우리는 특정한 사물이 나타났다 사라지고 만물이 탄생의 순간을 갖는 일상을 살아간다. 연필이든 새끼 고양이든 세상 만물은 탄생하고 해체되고 소멸한다. 논리는 시작과 끝이 얽힌 연결 고리를 설명한다. 반면 사랑, 아름다움, 의식, 전체로서의 우주처럼 본질적으로 시간을 초월한 존재는 논리의 외부에 산다. 그렇기 때문에 우리가 의식과 동의어라고 생각하는 모든 것들은 경험의 범주에 잘 들어맞지 않는다. 우리는 과학적 접근방식으로 의식을 설명하려 하지만, 안타깝게도 아직까지 만족할만한 이론을 내놓지 못했다.

기억은 시간의 무한한 특성을 이해하는 데 도움이 되지 못한다. 기억이란 두뇌의 신경 시스템 안에 존재하는 제한적이고 선택적인 회로에 불과하다. 또한 기억은 근본적인 차원에서 시간의 허구성을 받아들이는 데에도 도움이 되지 않는다. 두 경우 모두에서 시간은 쓸모없다.

'영원'은 흥미로운 개념이다. 영원은 무한한 시간 속에서 지속적으로 존재하는 것을 의미하지 않는다. 또한 시간적인 차원에서 무한한 연속성을 뜻하는 것도 아니다. 영원은 시간을 초월한 개념이다. 동양의 종교는 이미 수천 년 전부터 탄생과 죽음이 환상에서 비롯됐다고 말했다(적어도 동양의 다양한 종교의 핵심 교리는 그렇다. 모든 종교는 핵심 교리를 중심으로 주변 개념을 설파한다. 동양 종교에서는 '윤회'가 그렇다). 그리고 의식은 육체를 초월한 것이며, 내면과 외부의 구분은 언어의 편의성에서만 의미가 있는 것이기 때문에, 우리에게 남겨진 것은 오직 존재의 기반으로서 의식뿐이라고 말했다.

이러한 개념에 대해 생각할 때, 우리가 직면하는 문제는 단지 언어가 기본적으로 이분법적인 도구이며, 그렇기 때문에 이러한 주제를 논의하기에 적합하지 않다는 것뿐만이 아니라, 이해의 차원에 따라 다양한 '진실'의 층이 존재한다는 사실이다. 이러한 점에서 과학과 철학, 종교,

형이상학 모두 이해 및 교육 수준, 성향, 편견을 기준으로 광범위한 스펙트럼을 이루는 대중에게 적합한 설명을 내놓아야 한다는 과제를 짊어지고 있다.

과학 강의를 하는 노련한 연설자는 청중이 어떤 사람들인지 먼저 파악한다. 가령 주로 젊은이들이 참석하는 자리라면 방정식에 집중함으로써 강의를 지루하게 만드는 실수를 범하지 않을 것이다. '전자'의 개념도 가급적 간단하게 설명할 것이다. 어느 정도 지식을 갖춘 청중이라면 "목성이 태양을 중심으로 돈다"라거나 "전자가 원자 핵 주위를 공전한다"라는 식의 설명에 익숙할 것이다. 반면 물리학자나 천문학자 등 전문가들이 참석한 자리라면 그러한 표현은 적절치 않다. 전자가 말 그대로 원자핵 주위를 도는 것은 아니기 때문이다. 전자는 원자핵과 아주 멀리 떨어진 곳에서 확률의 상태로 어른거린다. 전자의 위치와 운동은 관찰 행위가 파동함수를 붕괴시켰을 때 비로소 결정된다. 목성 역시 태양이 아니라 두 천체의 중력이 시소처럼 균형을 이루는 태양 외부의 중심점을 따라 공전한다. 한 가지 맥락에서 적절한 설명은 다른 맥락에서 그렇지 않다.

이와 관련해서는 과학과 철학, 형이상학, 우주론 모두 마찬가지다. 어떤 청중이 육체가 유일한 존재 기반이라고 생각할 때, 또는 우주가 외부에 독립적으로 존재하는 무작위한 공간이라고 믿을 때, "죽음은 실질적인 현상이 아니다"라는 주장은 황당하게 들릴 것이다. 우리의 육신은 실제로 소멸한다. 그에 따라 자신이 독립적 개체라는 확고한 믿음도 소멸한다. 그렇기 때문에 사후 세상에 대한 주장은 논리적 타당성을 확보한 회의주의 공격에 직면하기 마련이다.

"썩어 문드러진 시신으로 어떻게 사후의 삶을 누릴 수 있단 말인가?"

반면 어떤 청중은 내면에서 생명의 느낌을 찾는다. 그들은 흔히 "영혼이 육체 안에 기거한다"고 말한다. 특별한 영적인 체험을 했거나, 또는 종교적·철학적 관점에서 불멸의 영혼이 존재의 핵심이라고 믿는 청중은 육체의 소멸이 진정한 종말은 아니라는 주장을 쉽게 받아들일 것이다. 또한 무신론자의 조롱 섞인 비판에도 아랑곳하지 않을 것이다.

일반적으로 죽음은 한 가지 사실을 의미한다. 그것은 어떠한 예외나 불확실성도 허용하지 않는 종말이라는 것이다. 죽음은 탄생의 순간에 모습을 드러낸 모든 제한적인 존재에 주어진 운명이다. 증조할머니께 물려받은 고급 와인잔은 바닥에 떨어져 수십 개 조각으로 흩어지는 순간 죽음을 맞이한다. 와인잔은 완전히 사라졌다. 우리의 육체 역시 탄생의 순간이 있었다. 육체를 구성하는 세포는 노화한다. 특별한 외적 영향을 받지 않아도 약 90회에 달하는 세포 분열 이후에 생을 마감한다. 수십억 년 삶을 누리는 별들 또한 마찬가지다.

다음으로 가장 중요하고 오래된 질문이 남았다.

"나는 누구인가?"

내가 곧 육체라면 나는 틀림없이 죽을 것이다. 그러나 내가 의식이라면, 즉 경험과 감정의 주체라면 다양한 형태로 변화할지언정 죽지는 않을 것이다. 의식은 무한한 존재다. 과학적 시선으로 바라보자면, '살아있다'는 내면의 느낌 또는 '나'라고 하는 인식은 전구에 불이 들어오듯 100와트의 에너지로 작동하는 신경적·전기적 메커니즘의 결과물이다. 또한 인간은 전구처럼 열을 발산한다. 그래서 추운 겨울날 차안에 동승자와 함께 있을 때 따뜻함을 느낀다.

회의론자들은 내적인 생명 에너지 역시 죽음의 순간에 함께 사라진다고 말한다. 하지만 과학이 가장 자신 있게 내세우는 한 가지 원칙은 에너지는 절대 사라지지 않는다는 것이다. 과학은 에너지가 생성되지도 소멸되지도 않는다고 말한다. 다만 그 형태가 달라질 뿐이다. 존재의 근간이 에너지라는 점에서, 그 무엇도 에너지 보존 법칙의 예외가 될 수 없다. 자동차를 떠올려보자. 우리는 지금 자동차를 타고 언덕을 오른다. 화학 혼합물인 휘발유가 에너지를 방출해 자동차가 중력에 맞서 언덕을 올라가도록 한다. 언덕을 오르는 동안 자동차는 휘발유를 소비하지만 동시에 위치 에너지를 축적한다. 중력과 싸움을 벌이는 동안 에너지를 저장하고 저장된 에너지는 유효 기간이 수십억 년에 달하는 쿠폰과도 같다. 자동차는 언제든 그 쿠폰을 현금으로 바꿀 수 있다. 지금 당장 쿠폰을 사용해보자. 다시 말해 언덕 꼭대기에서 엔진을 끄고 해안가로 달려보자. 내려오는 동안 자동차는 빨라진다. 즉, 운동 에너지를 얻는다. 자동차는 위치 에너지를 잃어버린 대신 운동 에너지를 얻는다. 이제 브레이크를 밟는다. 그러면 브레이크 패드에서 열이 난다. 열에너지는 속도가 높아지면서 얻은 운동 에너지로부터 나온 것이다. 하이브리드 자동차는 이러한 열에너지를 활용해 배터리를 충전한다. 결론적으로 말해서, 에너지의 형태는 끊임없이 변화하지만 절대적인 양은 변화하지 않는다. 마찬가지로 우리의 존재를 이루는 핵심 에너지 또한 늘어나거나 줄어들지 않는다. 이처럼 우리는 닫힌 에너지 시스템 속에서 살아간다.

나는 그 말의 의미를 얼마 전 누나 크리스틴이 세상을 떠나면서 절실히 깨닫게 되었다. 과학 역사상 최대의 사기극이 벌어지던 무렵에 나는 AP 통신 기자와 문자메시지를 주고받았다.

기자(2005년 12월 10일 토요일 오후 1:40)

수상한 냄새가 납니다. 체세포 복제와 관련해 황우석 박사에 대한 의혹이 일고 있어요. 조만간 결판이 날 겁니다. 황우석 박사의 입원을 어떻게 해석해야할지 모르겠군요. 극적인 반전이 있을까요? 아니면 사기의 전모가 드러날까요? 결론이 어떻게 날까요?

로버트 란자(2005년 12월 10일 토요일 오후 4:24)

인생이 허무합니다! 며칠 전 누나가 자동차 사고를 당했어요. 출혈이 심해 곧바로 수술을 받았습니다. 의사는 가망이 별로 없다는 군요. 모든 게 허망합니다. 오늘은 휴가를 냈습니다.

기자(2005년 12월 10일 토요일 오후 5:40)

오, 저런.

결국 누나는 살아나지 못했다. 나는 사망을 확인하고 나서 가족이 모인 대기실로 갔다. 누나의 남편 에드는 나를 보자 슬픔을 이기지 못하고 흐느끼기 시작했다. 그때 나는 순간적으로 시간의 경계를 넘나드는 느낌을 받았다. 한 발은 슬픔의 바다가 되어버린 현실에, 그리고 다른 한 발은 태양이 눈부시게 빛나는 자연의 영광 속에 딛고 있었다. 데니스가 사고를 당했던 때처럼 '다시 한 번' 어릴 적 반딧불 추억이 떠올랐다. 그리고 유령이 벽을 통과하듯 물리적 현실이 시간과 공간을 따라 흐르는 다중 구조에 대해 생각했다. 전자가 두 슬릿을 동시에 통과하는 실험에 대해 생각했다. 나는 그 실험의 의미를 확신했다. 누나는 죽었지만 동시에 시간의 경계 너머에 살아있다. 그럼에도 나는 눈앞에 펼쳐진 현실에 대처해야 했다.

누나의 삶은 평탄치 못했다. 그래도 자신을 끔찍이 사랑하는 남자를 만났다. 누나의 결혼식에 여동생은 참석하지 못했다. 몇 주 동안 계속되는 카드 대회에 참가했기 때문이다. 어머니도 자선단체 행사로 오지 못했다. 그래도 결혼식은 누나의 삶에서 가장 중요한 순간이었다. 가족은 나밖에 없었기에 내가 누나의 손을 잡고 입장해야 했다.

결혼식이 끝나고 누나 부부는 새로 장만한 집을 향해 차를 몰았다. 하지만 빙판에 차가 미끄러지면서 모든 게 엉망이 되었다. 누나는 밖으로 튕겨져 나가 눈밭에 묻혔다.

누나는 달려온 남편에게 이렇게 말했다.

"여보. 다리에 감각이 없어."

그러나 더 심각한 문제는 간이 크게 손상을 입었다는 것이었다. 이로 인해 내출혈이 일어났다는 사실은 아무도 알지 못했다.

에머슨은 아들을 잃고서 이렇게 말했다.

"삶은 우리가 생각하는 것만큼 무섭지 않다. 다만 안타까운 것은 슬픔으로부터 어떠한 것도 배울 수 없고, 게다가 진실에 한 걸음 더 다가설 수 있는 것도 아니기 때문이다."

하지만 우리는 일상적인 지각 너머를 바라봄으로써 창조된 만물과의 근본적인 관계를 향해, 그리고 과거와 현재의 모든 크고 작은 가능성을 향해 다가설 수 있다.

사고가 있기 얼마 전 누나는 무려 45킬로그램 감량에 성공했다. 매형은 기념으로 다이아몬드 귀걸이를 선물했다. 기다리기 무척 힘들겠지만, 다음 번 만날 때 누나는 멋진 모습으로 나를 맞이할 것이다. 누나와 나 그리고 이 놀라운 의식의 세상이 어떤 형태를 취하고 있든 간에 말이다.

생물중심주의의 미래

위험은 언제나 옳다.

_조너스 소크

생물중심주의는 기존의 다양한 연구 분야를 통합할 가능성을 제시하는 혁신적인 과학적 세계관이다. 생물중심주의는 그 자체로 진실을 드러내면서, 동시에 최근 모순을 빚는 생물학과 물리학의 여러 측면을 화해시킬 수 있는 단기적·장기적 기회를 제시한다.

생물중심주의를 뒷받침하는 가장 직접적인 증거는 끊임없이 이어져 왔으며 이제는 우주를 향해 도약하는 양자 실험이다. 앞서 살펴본 것처럼 다양한 양자 실험은 이미 가시적인 세상으로 범위를 넓히고 있다. 많은 과학적 증거가 점차 거시 세상 속으로 들어서는 가운데, 관찰자가 영향을 미치는 양자 실험 결과에 대해 "다른 방식의 해석"을 지지하기는 점점 더 힘들어지고 있다. 양자 이론은 앞으로 계속해서 생소한 실험 결과에 대한 해명을 요구할 것이며, 생물중심주의야말로 그 요구에 대한 가장 논리적인 대답이 될 것이다.

2008년에 엘미라 이사에바(Elmira A. Isaeva)는 학술지 〈물리학 진보(Progress in Physics)〉에서 이렇게 말했다.

> 양자 측정의 방법적 선택으로서 양자물리학의 문제, 그리고 의식이 작동하는 방식에 관한 철학적 문제는 서로 깊이 얽혀 있다. 이 두 가지 문제를 해결하는 과정에서 양자 역학 실험은 두뇌와 의식의 작용을 함께 다룰 것이며, 그렇게 된다면 의식을 설명하는 새로운 이론적 기반을 제시할 수 있을 것이다.

이사에바는 이어서 '의식 상태에 대한 물리학 실험의 의존'에 대해 설명했다. 그리고 이전에는 물리학과는 별개로 여겨졌던 의식과 생명체에 대한 주류 학계의 관심은 생물중심주의가 주변적 반론에서 기성 패러다임으로 자리 잡을 때까지 이어질 것으로 전망했다.

이와 관련된 연구로 가장 먼저 확장된 중첩 실험이 있다. 이 연구는 분자와 원자, 아원자 차원에서 관찰된 기이한 양자 현상이 거시적 차원에서, 즉 책상과 탁자의 세상에서도 그대로 나타날 것인지 확인시켜 줄 것이다. 거시 세상의 사물이 다중적인 상태로, 즉 여러 장소에 동시에 존재하다가 특정한 혼란이 일어난 후에 '중첩'에서 붕괴해 특정 상태로 확정될 것인지 검증하는 실험은 흥미진진한 연구가 될 것이다. 아직 이러한 현상이 실험상에서 나타나지 않는 이유는 다양하며, 주된 원인은 노이즈다(빛이나 유기체 등의 간섭). 하지만 결과와 상관없이 그 실험은 우리에게 통찰력을 던져줄 것이다.

다음으로 생물중심주와 관련된 분야로 두뇌 구조, 신경과학, 의식 연구가 있다. 많은 저자들이 이들 연구에 기대를 걸고는 있지만, 19장에서 개략적으로 살펴봤던 이유로 단기적인 성과에 대해서는 그다지 낙관적이지 않다.

마지막으로 지속적으로 추진되고 있으나 아직 걸음마 단계에 머물러 있는 인공지능 연구가 있다. 컴퓨팅 파워와 기술이 기하급수적으로 발전하는 21세기 시대의 과학자들은 진지하고 현실적이고 유용한 차원에서 인공지능의 문제와 맞닥뜨리고 있다. 이 분야의 과학자들은 아마도 '생각하는 기계'를 개발하기 위해서는 인간이 시간과 공간을 인식하는 것과 동일한 방식으로 세상을 바라보는 알고리즘을 채택해야 한다는 사실을 깨닫게 될 것이다. 그러한 알고리즘 개발 과정은 틀림없이 인간 두뇌에 대한 연구보다 더 빠른 속도로 시공간의 관찰자 의존적인 측면을 보여줄 것이다.

'자유의지'를 주제로 꾸준히 이뤄지는 다양한 실험의 추이를 지켜보는 일 또한 흥미진진한 작업이 될 것이다. 물론 생물중심주의는 개인의 자유의지를 요구하지도 부정하지도 않는다. 그래도 전자의 입장이 의식 기반의 우주와 보다 쉽게 양립 가능하다. 2008년에 벤저민 리벳을 비롯한 많은 과학자들은 앞서 살펴봤던 초기 연구에서 두뇌 스캐너를 활용함으로써 피실험자가 "어느 손을 들어 올릴 것인지 '선택'을 내리기 무려 10초 전에 그 선택을 확인할 수 있다"는 사실을 이미 보여준 바 있다.

마지막으로 우리는 대통일 이론(GUT)을 모색하는 과학자들의 끝없는 도전에도 관심을 기울여야 한다. 최근 물리학 세상에서 이와 관련된 다양한 시도가 거창한 형태로 이뤄지고 있다. 그러나 수십 년 동안 이렇다 할 성과를 내놓지 못하면서, 다만 학자와 대학원생들의 연구 활동을 재정적으로 뒷받침하는 역할밖에 하지 못했다. 또한 과학자들 역시 이러한 도전의 타당성을 확신하지 못하고 있다. 존 휠러가 강조했던 것처럼 우주와 살아있는 의식, 즉 관찰자를 모두 포괄하는 접근방식은 적어도 생물과 무생물의 흥미진진한 조합을 훨씬 더 효과적으로 설명해낼 것이다.

최근 여러 분야의 전문가들이 생물학, 물리학, 우주론을 비롯한 다양한 분야에 접근하고 있다. 생물중심주의를 뒷받침하는 가시적 성과를 얻기 위해서는 다차원적인 접근방식이 필요하다. 이들은 머지않은 시간에 그러한 성과가 모습을 드러낼 것으로 기대하고 있다.

결국, 시간이란 무엇일까?

옮긴이의 글

처음 이 책을 접하면서 바이오센트리즘에 관한 글을 모조리 검색해서 하나씩 읽기 시작했다. 그러나 자료는 생각보다 많지 않았고, 게다가 중복된 내용이 대부분이었다. 주로 다중우주론을 거론하면서 종교적 관점에서 죽음을 부정하는 이야기가 많았다. 일부는 특정한 신비주의를 현대 과학이 증명했다는 식으로 바이오센트리즘을 자의적으로 해석하기까지 했다.

흔히 '생물중심주의'로 번역되는 바이오센트리즘은 로버트 란자 박사가 처음으로 만들어낸 용어는 아니다. 생물중심주의는 원래 자연 속에서 인간의 가치를 최고로 여기는 인간중심주의에 반대되는 개념으로, 특히 환경운동에서 자주 언급되는 세계관이다. 피터 싱어로 대표되는 동물해방론자들이 주창하는 동물중심주의, 그리고 한 걸음 더 나아간 생태중심주의 역시 이러한 세계관에 포함된다.

그러나 란자 박사가 말하는 바이오센트리즘은 이러한 의미의 생물중심주의와는 다르다. 기존의 생물중심주의가 인간중심주의에 반대하는 도덕 가치관이라면, 바이오센트리즘은 물리학과 생물학에 기반을 둔 과학적 인식 체계다.

박웅현 작가의 책으로 더 유명해진 "책은 도끼여야 한다"라는 카프카의 말은 내 마음속에도 좋은 책을 선별하는 기준으로 남아 있다. 이러한 관점에서 《바이오센트리즘》은 내게 분명히 좋은 책이다. 번역하는 동안에, 그리고 작업을 마치고 난 뒤에도 이 책의 많은 아이디어와 표현들이 내 머릿속에 남아 계속해서 곱씹게 만든다. 지금도 이 책은 내 일상 곳곳을 파고들어 지금까지 너무도 익숙했던 것들을 낯설게 바라보도록 재촉한다. 얼마 전 35년 만의 슈퍼 블루문을 바라보면서도 란자 박사의 우주를 떠올리기도 했다. 그의 주장에 동의하든 그렇지 않든 간에, 이 책을 끝까지 읽어본 독자라면 내 심정을 이해할 것이다.

하지만 란자 박사가 이 책에서 제시한 바이오센트리즘 원칙들은 우리가 쉽게 받아들일 수 있는 주장이 아니다. 그것은 우리가 갖고 있던 특정한 생각이나 느낌을 부정하는 것이 아니라, 그러한 생각과 느낌이 일어나는 근본적인 인식 체계를 부정하기 때문이다.

앞부분에서 란자 박사는 이중 슬릿 실험을 비롯한 양자 역학 분야의 여러 다양한 실험을 소개하면서, 양자 세상에서는 관찰 대상과 주체가 서로 얽혀있다고 말한다. 다음으로 아인슈타인의 상대성 이론을 간략하게 설명하면서, 시간과 공간이 우리가 생각하는 것처럼 객관적인 차원으로 존재하는 것은 아니라고 말한다. 그리고 여기서 한 걸음 더 나아가, 란자 박사는 관찰 주체인 생명체가 인식의 틀이라 할 수 있는 시간과 공간은 물론, 인식의 내용물인 감각까지 창조한다고 말한다. 게다가 이러한 창조는 외부 세계에서 주어진 재료를 가지고 원형에 최대한 가깝게 재구성하는 수동적인 과정이 아니라, 완전히 새로운 세상을 만들어내는 적극적인 과정임을 강조한다.

이 지점에서 란자 박사는 우리가 세상을 이해하기 위해서 물리학으로는 부족하다고 말한다. 그는 기존의 물리학 기반의 접근방식은 생명의 적극적인 창조 과정을 외면함으로써 지금까지 우주를 반쪽밖에 이해하지 못했다고 지적한다. 여기에 생물학이 들어와야 비로소 온전한 인식 체계가 완성되는 것이다. 물리학과 생물학을 기반으로 하는 바이오센트리즘의 시선으로 바라볼 때, 우리는 비로소 세상과 자아를 완전하게 이해할 수 있다고 그는 말한다.

그렇다고 해도 바이오센트리즘이 기존의 불완전한 인식 체계에 대한 최종적인 해답이라고 말할 수는 없다. 잠깐만 생각해봐도, 바이오센트리즘의 시선으로 세상을 바라보기 시작할 때 무수히 많은 새로운 질문이 샘솟게 된다는 사실을 이해할 수 있다. 무엇보다도 객관적인 진리와 도덕 가치가 존재할 수 있는지 의심을 품게 된다. 그리고 이러한 의심은 머지않아 지금까지 익숙하고 당연하게 보이던 생활공간을 복잡하고 혼란스러운 생소한 세상으로 만들어버리고 말 것이다.

하지만 바로 이 대목에서 이 책은 도끼가 되어 우리의 머리를 후려친다. 란자 박사는 너무도 익숙한 세상을 낯설게 바라보라고 끊임없이 재촉한다. 우리가 그런 그의 이야기를 쉽게 무시하지 못하는 것은 아마도 바이오센트리즘이 하나의 관념론이 아니라, 물리학과 생물학의 유산을 물려받은 과학적 접근방식을 표방하고 있기 때문이다.

바이오센트리즘은 어쩌면 란자 박사의 주장대로 우리가 살아가는 세상을 온전히 이해하기 위한 완전히 새로운 과학적 인식 체계일지 모른다. 아니면 과학의 허울을 쓴 또 하나의 유아론(唯我論)일 수도 있다. 어쨌든 란자 박사는 흥미진진한 수수께끼를 던졌고, 그것을 어떻게 바라볼 것인지는 전적으로 우리의 판단에 달렸다.

로렌츠 변환

과학계의 유명한 공식인 로렌츠 변환은 19세기 말 뛰어난 물리학자 헨드릭 로렌츠가 완성했다. 상대성 이론의 근간이 된 로렌츠 변환은 시간과 공간의 가변성을 말해준다. 이 공식은 대단히 복잡해 보이지만 사실은 그렇지 않다.

$$\Delta T = t\sqrt{1-v^2/c^2}$$

우리는 이 공식을 통해 인식된 '시간'의 경과에서 나타나는 차이를 계산할 수 있다. 공식은 보기보다 간단하다. 우선 델타(Δ)는 '변화량'을 나타낸다. 즉, ΔT는 인식된 시간의 경과에서 나타난 변화를 뜻한다. 다음으로 소문자 t는 지구에 남아 있는 사람들이 인식한 시간의 경과를 뜻한다. 가령 지구에서 1년의 시간이 흘렀다고 해보자. 브루클린에 살고 있는 사람들이 1년의 시간을 보낸 동안 우주선을 타고 떠난 우리가 인식한 시간의 경과를 알고자 한다. ΔT 값을 구하기 위해서 먼저 t를 구한다(여기서는 '1년'). 다음으로 로렌츠 변환의 핵심, 즉 1에서 우주선 속도의 제곱을 광속 제곱으로 나눈 v^2/c^2을 뺀 값의 제곱근을 구한다. 모든 단위를 적합하게 전환했다면, 우주선에서 보낸 시간이 얼마나 느려졌는지 계산할 수 있다.

사례를 통해 생각해보자. 우리는 지금 총알의 두 배 속도로, 즉 초당 1마일의 속도로 이동한다. 그러면 $v^2=1\times1=1$이다. 이를 광속(초당 186,282마일)의 제곱 35,000,000,000으로 나눈다. 1/35,000,000,000은 0에 가까운 값이다. 1에서 이 값을 빼도 1에 극단적으로 가깝다. 이 말은 총알의 두 배 속도로 이동해도 시간 경과에 거의 변화가 없다는 뜻이다.

이제 더 빨리 이동해보자. 광속으로 이동한다면 v^2/c^2은 1이 된다. 그러면 제곱근 안은 '1−1=0'이 되고, 0의 제곱근도 0이다. 여기에 지구에서 흐른 시간인 1년을 곱해도 그 값은 0이다. 시간이 사라졌다. 다시 말해, 광속으로 이동하면 시간은 멈춘다. 이처럼 v에 특정 값을 입력하면 우리는 우주 비행사의 입장에서 흐른 시간을 계산할 수 있다. 또한 똑같은 공식에서 v(속도) 대신에 l(길이)을 입력하면 거리가 얼마나 줄어들었는지 계산할 수 있다. 마찬가지로 질량이 얼마나 늘어났는지도 알아낼 수 있다. 다른 점이 있다면, 속도와 반비례하는 시간이나 거리와는 달리 질량은 증가하기 때문에 최종 값에서 역수를 취해야 한다.

주

상보적 현상의 역동적 메커니즘와 관련해 살펴볼 한 가지 문제가 있다. 과학자들은 물질 구조를 연구하는 과정에서 전자가 원자핵 주위를 초당 수천 회 공전하고, 핵입자가 초당 수십억 조 회 회전을 한다는 사실을 발견했다. 또한 핵입자는 쿼크(quark)라는 더 작은 입자로 이뤄져 있다는 것도 확인했다. 지금까지 물리학자들은 물질을 이루는 다섯 개 층, 즉 분자, 원자, 핵, 하드론(hadron), 쿼크를 확인했다. 일부 과학자는 쿼크가 마지막 층이라고 주장하지만, 입자의 층이 하위로 내려갈수록, 그리고 회전 속도가 빨라질수록 물질이 에너지 운동으로 용해돼 사라지는 것으로 보인다. 실제 연구 결과는 쿼크 안에 또 구조가 존재한다는 사실을 보여줬다. 최근까지만 해도 쿼크는 가장 기본적인 물질 구성단위로 알려져 있었다.

푸앵카레는 구조적 역동성에서 해답을 찾고자 했다. 우리는 물질이 입자 내부에서 회전하는 더 작은 입자의 에너지로 이뤄져 있다는 가정을 기반으로 운동이 측정자와 시계에 대해 미치는 기이한 영향을 논리적으로 설명할 수 있다. 에너지의 속도(즉, 광속)는 상수이기 때문에 물질의 다중적 구조 내부에서 변화가 일어나지 않는 한 운동 속도는 일정하다. 푸앵카레와 로렌츠의 주장이 옳았다. 측정자와 시계는 절대적 기준이 아니다. 이들 모두 실제로 줄어들고, 그 정도는 이동 속도에 비례한다.

어떤 물체의 이동 속도가 광속에 접근하고 있다고 해보자. 우리는 그 내부 에너지가 직선으로 이동할 때에만 광속에 도달할 수 있다는 사실을 즉각 이해할 수 있다. 물체가 더 짧아질수록 이동 축에 따른 내적 움직임에 "묶여 있는" 움직임의 부분이 줄어든다는 점에서, 기계적인 차원에서 이는 축소에 의해 이뤄진다. 그렇기 때문에 광속에서는 시계의 구성 부품이 다른 부품과의 관계에서 움직이지 않는 것으로 보인다. 시계는 시간을 기록하는 춤을 더 이상 추지 않는다. 시간을 기록하는 작업이 중단된다. 수직 삼각형과 피타고라스 정리만으로 이를 증명할 수 있다. 시계 내부에 조금이라도 움직임이 있다면, 해당 부품은 광속보다 더 빠른 속도로 이동하게 된다. 또한 로렌츠가 설명했듯이 수축 정도에 비례해 질량도 변화한다. 전자와 같은 입자의 질량은 직경(또는 부피)에 반비례한다. 우리는 특수 상대성 이론 전반에 걸쳐 등장하는 로렌츠와 푸앵카레의 방정식으로 손쉽게(고등학교 수준의 수학으로) 변화량을 계산할 수 있다.

이제 우리는 시간과 공간을 인식의 도구로 되돌릴 수 있게 되었다. 시간과 공간은 물리적 세상이 아니라 우리에게 속해 있다. 에머슨은 말했다.

"자신을 자연의 힘과 비교한다면, 우리는 절대 이길 수 없는 운명과 겨루고 있다는 느낌을 받을 것이다. 그러나 자연의 힘이 우리를 통해 흘러간다고 생각할 때, 가장 먼저 마음속에서 아침의 고요를 느낄 것이다. 그리고 최고의 형태로 우리 안에 선험적으로 존재하는 중력과 화학 그리고 이를 뛰어 넘은 생명의 무한한 힘을 발견할 것이다."

아인슈타인의 상대성 이론과 생물중심주의

아인슈타인 상대성 이론에서 중요한 개념인 '공간'을 독립적 실체로 대체해도 실질적인 결론에는 변함이 없다. 지금부터는 물리학을 기반으로 설명을 제시할 것이며, 수학적인 부분은 가급적 제외했다. 그럼에도 다분히 지루한 내용이니만큼, 버스터미널처럼 예상치 못하게 두세 시간을 기다려야 하는 곳에서 읽어보기를 권한다.

유클리드 기하학 명제를 강체(rigid body, 외부 압력에도 크기나 모양이 변하지 않는 이상적인 물체_옮긴이) 상의 두 지점이 외부의 영향과 무관하게 항상 동일한 간격(직선 거리 기준으로)을 유지한다는 가정으로 보완할 때, 이는 실제로 강체의 상대적 위치(상대성)에 관한 명제가 된다.

공간에 대한 이러한 정의에서 우리는 모순을 발견하게 된다. 현실적인 관점에서 볼 때, 이는 비물질적 이상화, 즉 완전한 강체를 기반으로 공통적인 공간 개념을 세우는 것이다. '실재의 강체'의 특성을 설명한다고 해서 이러한 이상화의 결과로부터 이론을 지킬 수 있는 것은 아니다. 아인슈타인에게 공간이란 실재하는 사물을 가지고 측정할 수 있는 대상을 말한다. 그리고 아인슈타인의 공간에 대한 객관적인 수학적 정의는 완전하게 단단한 측정자를 가정으로 삼고 있다.

이러한 측정자를 무한정 작게 만든다고 상상할 수 있다(더 작을수록 더 단단한). 그럼에도 우리는 대단히 작은 측정자가 '더' 단단한 것이 아니라 '덜' 단단하다는 사실을 알고 있다. 예를 들어 전자를 일렬로 배열해 공간의 크기를 측정한다는 것은 터무니없는 생각이다. 아인슈타인의 특수 상대성 이론에서 기대할 수 있는 최고의 거리 측정 방법은 일관적인 통계적 평균을 구하는 것이다. 그러나 이와 같은 이상적인 방법도 의미가 없다. 관찰자와 관찰 대상 사이의 상대적 운동 상태에 따라 달라지기 때문이다.

철학적인 관점에서 볼 때, 아인슈타인은 지각 현상이 외부에 존재하는 영원한 현실로부터 비롯되는 것이라고 가정함으로써 물리학자들의 오랜 전통을 따랐다. 그러나 수학적으로 이상화된 객관적 공간은 이미 시대에 뒤떨어진 개념이 되었다. 우리는 공간을 근본적으로 의식에 의존하는 외부 현실로부터 '비롯되는' 특성으로서 더 잘 설명할 수 있다고 생각한다.

이를 위한 첫 단계로서 특수 상대성 이론을 자세히 살펴보고, 그리고 단단한 측정자나 강체를 가정하지 않고서도 이론의 논리적 타당성을 지킬 수 있는지 생각해보자.

다음은 아인슈타인의 두 가지 가정이다.

1. 진공 상태에서 광속은 모든 관찰자에게 동일하다.

2. 물리학 법칙은 움직이는 모든 관찰자에게 동일하다.

객관적인 공간을 가정하는 '속도'는 두 가정에서 필수 요소다. 관찰 대상에서 우리가 가장 쉽고 간단하게 측정할 수 있는 것이 공간적 특성이라는 점에서 공간의 개념을 배제하기는 힘들다. 만일 객관적 우주라는 '선험적' 가정을 포기한다면, 과연 무엇이 남을까?

그러면 '시간'과 '사물'이 남는다. 시선을 내면으로 돌려 의식을 들여다볼 때, 우리는 공간이 필수 요소가 아니라는 사실을 깨닫게 된다. 의식이 특정한 물리적 공간을 차지한다는 것은 터무니없는 생각이다. 우리는 의식의 상태가 변한다는 것을 잘 알고 있다(그렇지 않으면 생각의 흐름은 없을 것이다). 일반적으로 시간을 기준으로 변화를 설명한다는 점에서 시간의 존재를 살펴보는 것은 의미가 있다.

물리학 관점에서 볼 때, 의식은 외부 현실에 존재하는 사물과 똑같은 것이다. 말하자면 대통일장과 그 다양한 저에너지 구현이다. '텅 빈 공간(empty space)'은 이제 과학의 역사에서 퇴비 더미로 전락해버리고 말았다는 점에서 진공 영역은 바로 이러한 구현에 해당된다.

더 나아가, 우리는 빛의 존재 또는 보편적으로 말해서 대통일장에서 지속적이고 스스로 확산하는 변화를 제시할 수 있다. 이러한 관점에서 논의를 단순화하기 위해 여기서 우리는 대통일장을 그냥 '장(field)'이라 부를 것이다. 그리고 '빛(light)'이라는 용어 속에는 질량이 없고, 스스로 확장하는 이러한 장의 모든 혼란이 포함돼 있다.

아인슈타인은 빛과 공간에 대해 말했다. 마찬가지로 우리는 빛과 시간으로부터 논의를 시작할 수 있다. 첫 번째 명제의 의미는 시간과 공간이 자연의 근본 상수인 광속으로 서로 얽혀 있다는 것이다. 그러므로 장의 존재와 장을 통한 빛의 전파를 제시한다면, 우리는 물리적인 단단한 측정자에 의존하지 않는 공간의 정의로 돌아갈 수 있다. 아인슈타인은 연구 과정에서 바로 이러한 정의를 종종 활용했다.

$$거리 = (c\Delta t/2)$$

여기서 t는 실험자가 주사한 빛이 물체에 반사해서 다시 실험자에게 돌아오기까지 소요된 시간을 말한다. 이 경우 c는 측정이 필요한 장의 기본적 특성이며, 특정한 물리 단위일 필요는 없다. 우리는 빛이 한 지점에서 다른 지점으로 이동하는 과정에서 발생하는 지연과 관련해 장 속에 불변의 특성이 존재한다고 가정한다. '거리'는 지연의 선형 함수로서 정의할 수 있다.

물론 이 정의는 관찰자와 물체가 상대 운동 속에 있지 않을 때에만 유효하다. 다행스러운 소식은 이러한 방법에 의한 일련의 거리 측정이 통계적으로 일정하다는 사실을 입증함으로써 안정 상태를 충분히 쉽게 정의할 수 있다는 점이다. 복수의 관찰자와 물체(자연스럽게 하나의 장을 구성하는)로 이뤄진 장을 가정할 때, 관찰자는 다음과 같이 공간 좌표계를 정의할 수 있다.

1. 지속적인 반사된 빛 신호를 활용해 시간에 따라 거리가 달라지지 않는 물체를 확인한다.
2. 멀리 떨어진 복수의 물체에 대해 동일한 방식으로 거리를 측정할 때, '방향'을 정의할 수 있다. 물체의 수가 충분히 많을 경우, 세 가지 독립적인(거시적) 방향을 확인할 수 있다.
3. 관찰자는 3차원 거리 좌표계를 기반으로 장의 모형을 완성할 수 있다.

이제 우리는 아인슈타인의 첫 번째 가정을 다음의 명제로 대체할 수 있다.

1. 자연의 근본적인 장에는 빛이 한 지점에서 다른 지점으로 이동하기 위해 제한적인 시간을 필요로 하는 특성이 존재한다.
2. 지연 현상이 계속해서 일정하게 나타날 때, 장의 두 부분은 상호 안정돼 있으며 그 거리는 'ct/2'로 정의한다. 여기서 c는 측정이 필요한 근본적인 특성이다(다른 근본적인 자연 상수에 대한 관계에서처럼).

거리에 대한 이러한 정의가 공간이라는 '선험적' 가정을 요구하지 않는다는 점에 유의하자. 여기서 우리는 장의 존재 그리고 장 내부의 한 부분이 다른 부분과 떨어져 있다는 사실만을 가정한다. 다시 말해, 장 내부의 다양한 개체가 빛을 통해(장의 특성인) 커뮤니케이션할 수 있는 사실을 가정한다.

특수 상대성 이론에서 두 번째로 중요한 개념은 '관성 운동'이라는 것이다. 공간 좌표와 속도를 장과 빛에 대한 가정으로부터 이끌어낸다는 점에서, 우리는 관성 운동을 두 개체(관찰자와 외부의 사물) 사이의 관계의 특성으로 정의할 수 있다. 시간 지연이 다음과 같이 선형 함수로 나타날 때, 사물은 관찰자와의 관계에서 관성 운동을 한다.

$$거리 = (c\Delta t)/2 = vt$$

이제 시간을 측정하는 서로 다른 두 가지 방법에 대해 살펴보자. 거리는 시간 지연 'Δt'으로 정의한다. 그리고 t는 측정을 시작한 시점으로부터 소요된 총 시간을 말한다. 흥미롭게도 우리는 시간 지연에 대한 일련의 '서로 다른' 측정을 통해서만 거리 d와 속도 v를 정확하게 측정할 수 있다.

물리 법칙이 모든 관성 관찰자(inertial observer)에게 동일하다는 조건은 그 장이 로렌츠 불변(Lorentz invariant)이라는 조건과 같다. 이러한 개념을 다양한 방식으로 표현할 수 있지만, 그중 가장 간단한 형태는 시공간 간격을 'Δs'로 정의하는 것이다.

$$\Delta s^2 = c^2 \Delta t^2 - \Delta x^2 - \Delta y^2 - \Delta z^2$$

당연하게도 모든 관찰자는 시스템 안에서 자신의 위치를 0으로 정의한다는 점에서 델타는 불필요한 기호라고 할 수 있다.

Δs 불변은 복수의 관찰자가 장의 특성에 대해, 그리고 외부 현실에 대해 동의해야 한다는 요구로 생각할 수 있다. 특수 상대성 이론을 완성하기 위해, 두 관찰자가 서로에 대해 관성 운동을 할 때 그들의 관계와 무관하게 Δs에 동의할 수 있다는 사실을 보여주기만 하면 된다.

이러한 관점에서 볼 때, 널리 알려진 특수 상대성 이론의 모든 결과가 따라나온다. 중요한 사실은 우리가 특수 상대성 이론이 엄격한 객관적인 공간의 개념을 요구하지 않는다는 사실을 보여줬다는 것이다. 통일장을 가정할 때, 장 안에서 일어나는 동요가 다양한 부분들 간의 자기 지속적 관계를 형성한다고 설명할 수 있다.

이러한 방법으로 공간이라는 요소를 가정에서 제외하려는 시도가 아무런 의미 없는 것으로 보일 수 있다. 어쨌든 거리는 양자와는 달리 지극히 직관적인 개념이다. 분명하게도 의식은 자기 자신과 다른 개체 사이의 관계를 공간의 차원에서 해석하려는 본성을 갖고 있으며, 이러한 접근방식의 실용적 장점을 부인할 수 없다. 그러나 도입부에서 살펴봤던 것처럼 공간에 대한 수학적 개념은 현대 과학 이론에서 명백한 한계를 드러내고 있다. 일반 상대성 이론과 양자 이론을 통합하는 과정에서 공간은 확장되고 축소되고 양자화 되고, 심지어 완전히 해체돼

버렸다. 한때 실험 과학의 성취로(또한 아이러니하게도 특수 상대성 이론을 지지하는 위대한 성과로) 여겨졌던 '텅 빈 공간'은 20세기 과학의 내재적 결함으로 드러났다.

찾아보기

ㅁ

ㅂ

ㅅ

기타

언론에 비친 로버트 란자

보스턴 남부에서 불우한 어린 시절을 보낸 로버트 란자 박사는 영화 〈굿 윌 헌팅(Good Will Hunting)〉에서 멧 데이먼이 연기한 주인공의 살아있는 모델이다.

심리학자 B. F. 스키너, 면역학자 조너스 소크, 심장이식 분야의 선구자 크리스천 버나드와 같은 과학계의 거물들 밑에서 성장했다. 란자의 스승들은 그를 '천재'이자 '혁명적 사상가', 심지어 아인슈타인에 필적할 인물로 소개한다.

_〈US뉴스앤월드리포트〉 표지 기사

오랫동안 줄기세포 관련 연구를 진행해온 로버트 란자는 최근 획기적인 결과를 얻었다. 그의 연구팀은 새로운 신경이나 근육, 인슐린을 생성시키거나 알츠하이머 및 당뇨병 같은 질병을 치료할 수 있는 길을 열었다.

_〈타임〉 2014년 4월 '세계에서 가장 영향력 있는 100인'

언젠가는 실명에서 수백만 명의 사람들을 구한 남자로 기억될 사람이다. 시골마을에서 태어난 란자는 프로도박사 아버지 밑에서 자라면서 세 명의 누나들이 고등학교를 졸업하지 못할 정도로 궁핍하게 생활했지만 타고난 지능과 상상력으로 자신의 삶을 개척했다. 펜실베이니아 의대를 졸업했으며 풀브라이트(Fulbright) 장학금을 받았다. 멸종위기종 복제에 최초로 성공했으며, 그의 연구는 줄기세포 연구의 국제적 표준으로 여겨진다.

_〈포춘〉 2012년 9월 커버스토리

로버트 란자의 줄기세포를 활용한 치료법에 많은 환자들이 효과를 보고 있다. UCLA의 안과 의사인 스티븐 슈워츠(Steven Schwartz)는 "놀랄 만큼 좋은 시각적 결과를 얻었다"고 말하며 환자 중 한 명은 시계를 다시 읽고 쇼핑을 할 수 있으며 다른 환자는 색을 다시 인식 할 수 있다고 밝혔다….

인터뷰 내내 각 단어를 힘주어 강조하던 로버트 란자의 눈빛은 강렬하게 반짝였다. 그의 열정이 얼마나 많은 사람들을 구해낼 수 있을까.

_〈슈피겔〉 2013년 4월

인류의 미래를 좌우할 유전적 신비를 풀기 위한 연구로 이름 높은 로버트 란자의 집을 찾아가 보았다. 고대 고고학 표본 수집가인 그의 집은 온통 공룡 화석으로 가득하다. 부엌은 마치 자수정 동굴을 연상시킬 만큼 자수정이 즐비하다….

그의 사적인 공간은 박물관처럼 보인다. 이곳에서 그는 말한다. "세상에 더 많은 삶이 있다는 것을 느낍니다."

_〈파이낸셜타임스〉 2015년 1월

로버트 란자의 모험은 그의 과학적 통찰력과 획기적인 발견으로 우리를 새로운 시대로 안내할 것이다. 오늘날 재생의학 분야에세 세계 최고의 영향력을 발휘하고 있는 그는 면역력을 재건하거나 손상된 심장을 치료하고 팔다리를 재생시키는 세포 치료법을 개발하고 있다. 윤리적 논쟁의 한가운데에서 인간배아를 조작하는 '살인자'라는 비판을 받기도 하는 그의 연구는 '살얼음판 위의 혁신'을 계속하고 있다.

_〈디스커버〉 2008년 9월

옮긴이 박세연

고려대학교 철학과를 졸업하고 글로벌 IT 기업에서 마케터와 브랜드 매니저로 일했다. 현재 전문 번역가로 활동하면서 번역가 모임 '번역인'의 공동 대표를 맡고 있다. 옮긴 책으로는 《더 나은 세상》《죽음이란 무엇인가》《삶이란 무엇인가》《불멸에 관하여》《오바마의 담대함》《다시, 국가를 생각하다》《디퍼런트》《플루토크라트》《똑똑한 사람들의 멍청한 선택》 등이 있다.

바이오센트리즘

왜 과학은 생명과 의식을 설명하지 못하는가?

초판 1쇄 발행 2018년 3월 29일
초판 3쇄 발행 2018년 11월 8일

지은이 로버트 란자, 밥 버먼
옮긴이 박세연
펴낸이 정용수

사업총괄 장충상 본부장 홍서진
편집주간 조민호 편집장 유승현
책임편집 유승현 편집 김은혜 이미순 조문채 진다영
디자인 김지혜
영업·마케팅 윤석오 이기환 정경민 우지영
제작 김동명
관리 윤지연

펴낸곳 ㈜예문아카이브
출판등록 2016년 8월 8일 제2016-000240호
주소 서울시 마포구 동교로18길 10 2층(서교동 465-4)
문의전화 02-2038-3372 주문전화 031-955-0550 팩스 031-955-0660
이메일 archive.rights@gmail.com 홈페이지 yeamoonsa.com
블로그 blog.naver.com/yeamoonsa3 페이스북 facebook.com/yeamoonsa

ISBN 979-11-87749-67-7 03400

㈜예문아카이브는 도서출판 예문사의 단행본 전문 출판 자회사입니다. 널리 이롭고 가치 있는 지식을 기록하겠습니다.

이 책의 국립중앙도서관 출판예정도서목록(CIP)은 서지정보유통지원시스템 홈페이지(seoji.nl.go.kr)와 국가자료공동목록시스템(nl.go.kr/kolisnet)에서 이용하실 수 있습니다(CIP제어번호 CIP2018007782).

*책값은 뒤표지에 있습니다. 잘못 만들어진 책은 구입하신 곳에서 바꿔드립니다.

BIOCENTRISM